U0359088

地方志災異資料叢刊

第二編

7

于春媚 賈貴榮 編

國家圖書館出版社

第七冊目録

【民國】臨沂縣志

陳景星、沈兆禕修　王景祜纂

民國二十五年（1936）鉛印本

通紀

通紀者編年之例上篇所紀兵事居多雍乾以前半據郡志以後廣搜博采朝廷大政不爲一邑發者略焉下篇記災異日蝕星變不詳分野者略焉事近荒誕與民生禍福無關者略焉蓋愼之也

周春秋魯隱公七年夏城中邱十年春王二月公會齊侯鄭伯於中邱癸丑盟於鄧桓公五年城祝邱十六年冬城向莊公四年夫人姜氏享齊侯於祝邱九年公會齊大夫盟於蔇僖公十四年夏六月季姬及鄫子遇於防使鄫子來朝十五年季姬歸於鄫十九年夏六月宋公曹人邾人盟於曹南鄫子會盟於邾己酉邾人執鄫子用之宣公十八年秋七月邾人戕鄫子於鄫襄公四年冬十月邾人莒人伐鄫臧紇救之敗於狐駘六年莒人滅鄫昭公四年秋九月取鄫十八年六月邾人入鄅哀公三年季孫斯叔孫州仇帥師城啟陽七年夏公會吳於鄫

西漢新莽天鳳五年臨沂人徐宣謝祿與同郡楊音起兵與樊崇合號赤

眉賊

東漢光武帝建武三年徐宣降四年董憲將賁休以蘭陵城降憲圍之虎牙大將軍蓋延救賁休不克憲遂陷蘭陵五年春三月龐萌反附帝將自討與其黨去下邳還蘭陵七月帝幸蕃大破董憲於昌慮憲及萌走入紺中章帝建初五年琅邪王京上書願徙封開陽以華蓋南武陽厚邱贛榆五縣易東海之開陽臨沂肅宗許之桓帝永壽元年秋七月初置琅邪都尉官五年秋八月己卯罷琅邪都尉官興平元年曹操迎父嵩於琅邪爲陶謙襲殺

蜀漢建興三年利城郡兵蔡方等以郡反殺太守徐質推唐咨爲主魏遣諸軍討破之咨入吳

晉惠帝元康元年置蘭陵郡詳沿革東晉武帝太元十九年燕王慕容垂分兵略地至琅邪安帝隆安三年南燕王慕容德自琅邪引兵北還義熙五年劉裕伐南燕過琅邪九年罷臨沂皇后脂澤田詔賜貧民

南北朝宋泰始七年命北琅邪蘭陵二郡太守垣崇祖經略淮北入魏境

梁武帝普通五年彭孫寶克魏琅邪進拔實邱天監十年琅邪民王萬壽殺郡守劉晰據朐山後爲梁馬仙琕所破大通元年將軍彭羣王辨圍魏琅邪不克而還

隋煬帝大業十年夏五月壬寅賊帥宋世謨陷琅邪郡十二年春二月東海賊盧公暹率衆萬餘保於蒼山魯郡賊徐圓朗略地至琅邪

唐肅宗至德二載七月河南節度使賀蘭進明攻克琅邪憲宗元和十四年李愬敗平盧兵於沂州拔丞縣是年秋沂州牙將王弁殺觀察使王遂曹華討平之斬郛卒一千二百僖宗乾符三年秋七月宋威討王仙芝於沂州大破之天平軍援沂之將張晏兵噪於義橋還鄆四年春三月黃巢陷沂州五年復陷沂州昭宗乾甯四年春二月朱全忠陷沂海密三州

宋眞宗景德三年沂州軍賊王倫等作亂高宗紹興三十一年八月知海州事魏勝遣蕭成帥千餘人入沂州殺金守將降其衆得器甲數萬金人

圍蒼山砦首滕縣獄告急於魏勝勝提兵解蒼山圍寧宗嘉定五年金泰安劉二祖兵起掠沂州

金太宗天會十五年沂州資防禦叛烏蘇額琳敗之獲資防禦廢帝天德三年沂州男子吳眞犯法當死有司以其母老病無侍爲請命官與養濟著爲令貞元二年山東賊犯沂州臨沂令哈隆力戰而死世宗大定二十七年山東統軍使達春鎮莒密膠沂郯邳宿徐泗等城宣宗貞祐二年武寧軍節度副使赫嚕鶴壽破紅襖賊於蘭陵石城堈四年紅襖賊數萬圍沂州同知防禦事布薩薩哈突圍出求救於徐州提控赫舍哩和勒端率兵赴之薩哈還入城與和勒端內外夾擊殺數萬人賊退興定元年十一月庚寅元兵下沂州十二月己未元兵復攻沂州官民棄城遁二年六月壬子紅襖賊犯沂州官軍敗之追至白里港都提控齊信歿於陣三年閏三月壬寅柱子堈王公喜構宋兵據沂州防禦使鄂克坦福定徒跣脫走百姓潰散六月丁亥命鄂克坦福定等帥所部軍與沂州民老幼遷徙於

郯沂州總領納哈塔祿格破灰山㘿沂境以安元光二年八月辛未朔郯州從宜經略使納哈塔祿格都統金山顏儁率沂州軍士百餘人入行省殺行尚書省蒙古綱據州反

元世祖中統三年萬戶孟義領兵鎮沂郯至元二年移山東統軍司於沂州十二年春三月癸巳敕沂州郯城十字路兵從博羅罕征淮南十三年夏四月癸卯復沂莒等州所括民為防城軍者為民免其租徭順帝至正八年分元帥府於沂州鎮禦東海郡盜以瑪勒岱為元帥十一年罷沂州分元帥府改立兵馬指揮使司十六年置河南廉訪使司於沂州設分樞密院以兵馬指揮使司隸之二十七年八月乙巳以淮南行省平章政事王信為山東行省平章政事兼知行樞密院事以本軍守沂州十一月壬午明兵取沂州守臣王信遁其父宣被執

明武宗正德六年春霸州賊劉六劉七賊宴明等陷州城所過擄掠七年知州朱袞請設兵備道神宗萬歷四十三年劉好問聚衆劫掠兗東道沈

珣滅之熹宗天啟二年鉅野徐洪儒以邪教聚衆陷十五縣邑人總兵楊肇基同子御蕃都司楊國棟討平之懷宗崇禎十四年春三月初一日流賊史二姚三陷李家莊自郯掠海州西境而北十二日營蒼山南越二日北去秋七月復寇沂州十五年冬十二月清兵破郯而北二十八日連營至蒼山十六年春正月初四日清兵圍蒼山越七日破之二十二日北還李青山朱連堂餘寇復反州人遊擊楊衍擒之十七年羽山賊李二和尚刦掠州東六月衛指揮董祚興破西山土寇於娘娘廟秋九月清兵鎮沂州

清順治八年春西山賊王肯武聚衆刦掠九年發旗兵討王肯武滅之康熙二年設青駝驛十二年設李家莊驛移青駝驛於徐公店（互見驛站）二十三年聖祖東巡過境御製出郯詩一首勒石又御筆臨董其昌詩帖一幅勒石二十四年設沂海贛同知雍正八年疏濬戚溝河九年設兗莒沂道十二年陞沂州為府設附郭縣曰蘭山乾隆十三年知縣王塏修沂河兩岸

又挑濬孝感河十四年挑濬卞莊等河十五年修武河堤十六年修白茅河堤高宗南巡駐蹕黄梅嚴定五賢祠名目并王覽顔杲卿於内御製詩一首勒石十七年知縣王境會同郯城縣挑濬東泇等河明年三月工竣以上挑河均詳水利二十七年高宗南巡御製五賢祠詩一首二疏城詩一首均勒石

咸豐三年幅匪出沒寇抄縣境抗拒官兵吏不能制四年二月沭陽匪首陳玉標聚衆歃嘀埠沂州營都司郝上庠兗州營都司姜長清知府李從醕知縣陳紀勳等分率兵圍勦郝上庠奮勇敢戰賊大敗匪勢稍殺六年捻匪李希夢等與幅匪合勢七年六月道員陳顯彝引兵自費駐沂九月巡撫崇恩來沂察看賊勢八年二月李希夢就擒六月蘭陵縣丞姚鳳長勦匪陣亡知縣劉錦堂被擒商人甯姓醵重貲贖之知縣李說亦皆被擒年月未詳沂州協副將郝上庠敗賊於長城九年九月捻匪至境焚掠鄉村十年二月千總王壽椿外委段繼先勦賊於費境陣亡三月濟東道黄良楷勇驕縱擾亂七月都統德楞額令知縣程繩武招撫賊衆賊汎千總趙大興勦匪陣殁

於向城十一年匪勢大張四出攻鈔各踞村寨互爲援應僧王檄德楞額專討幅匪無功是年二月捻匪大股圍城十九日乃退城汛千總馬昌圖尾追之歿於陣五月費縣東埠圩增生王肇端率衆援東城子圩戰歿同治元年知縣長廣蒞任屢出勦賊九月僧王追捻匪於城北羊圈湖破之是年秋沂州南境略定十二月捻匪李成大股犯沂二年總兵陳國瑞與知府文彬知縣長廣攻克中村賊巢斬賊渠孫化祥幅匪以次剿平九年開濬水支河始自西關至埠東入沂光緒九年修沂河東岸北起柳行頭直至郯境二十四年土匪聚衆起事於黃山知縣陳公亮督率蘭陵民團殲之二十五年因教案之交涉德兵焚韓家村三十年立兗州農桑支會三十三年立沂州商務會宣統元年改農桑支會爲蘭山縣農務分會二年十一月城區議事會董事會成立城區董事會設總董一員名譽董一員議事會設正副議長各一員議員十二名三年八月上級議事會參事會成立上級議事會設正議長一員副議長一員議員四十員參事會縣

知事兼會長參事員八員縣教育會亦於是年成立民國三年二月議參董事等會停辦四年改沂州商務會爲臨沂縣商會

右上篇

周春秋魯昭公七年四月甲辰朔日有食之及降婁之次

西漢惠帝二年春正月癸酉旦有兩龍見於蘭陵廷東里溫陵井中乙亥夕不見景帝元年春三月墳星在婁入奎武帝建元二年二月丙戌朔日有食之在奎十四度昭帝始元三年熒惑在婁入奎元鳳五年夏四月燭星見奎婁閒元帝永光二年三月壬戌朔日有食之在婁八度

東漢光武帝建武七年瑯琊開陽南門一柱飛抵洛陽章帝建初二年冬十二戊月寅彗星出婁三度百有六日和帝永元二年春正月乙卯金木俱在奎丙寅水又在奎辛未水金木在婁二月壬午日有食之在奎八度殤帝延平元年丁酉金火在婁安帝元初三年春三月二日辛亥日有蝕之在婁五度四年春二月乙亥朔日有蝕之在奎九度順帝永和六年春

二月丁丑彗星出在奎一度長六尺靈帝光和六年冬琅邪冰厚尺餘中平五年琅邪大水春二月彗星出奎逆行入紫宮後三出六十餘日乃消

晉惠帝元康五年夏大水四月有星孛於奎八年秋九月大水元帝太興元年秋八月蘭陵郡蝗二年夏四月甘露降臨沂成帝咸康二年春正月彗星見奎婁夏六月辛未流星出奎中沒婁北七年春三月戊子歲星熒惑合於奎安帝義熙三年春正月太白晝見在奎二月熒惑填星太白辰星聚於奎婁

隋文帝開皇十四年冬十一月癸未有星孛於虛危及奎婁煬帝大業三年春二月彗星見於奎

唐太宗貞觀三年秋沂徐水七年秋九月大水遣使賑之八年秋七月大水高宗永徽六年秋沂州水害稼德宗貞元六年春閏三月熒惑犯填星在奎憲宗元和十五年春三月填星太白合於奎冬十二月熒惑填星合於婁穆宗長慶三年秋八月有大星流經奎婁武宗會昌四年秋八月丙

午有大星入奎婁懿宗咸通五年春三月彗星出於婁長三尺

五代唐明宗天成三年春正月金水合於奎

宋太祖乾德五年春三月五星聚奎六年春正月壬寅歲星塡星太白合於奎開寶八年夏六月大雨水入城壞民田太宗端拱元年夏閏五月辛亥有星出奎如半月北行而沒二年大旱仁宗明道二年秋七月旱蝗哲宗元祐六年冬十二月有星孛入於奎紹聖三年秋九月地震徽宗崇甯四年蝗五年春正月彗出西方由奎入婁大觀四年彗出奎婁高宗紹興八年夏六月乙巳客星出奎宿光宗紹熙二年旱大饑甯宗開禧二年旱蝗嘉定九年夏四月丁酉太白晝見於奎北十有六日六月丙申歲星晝見於奎凡有一日

元世祖至元十九年大疫二十八年春正月壬寅太白熒惑塡星聚於奎成宗大德元年秋八月丁巳妖星出奎九月辛酉朔又犯奎仁宗延祐六年大水英宗至治元年春正月甲辰木金火土四星聚奎二月壬子夜金

火土三星復聚奎泰定帝泰定元年大水明宗天歷元年夏五月大饑賑米二萬一千餘石文宗至順三年秋九月大水順帝至元五年秋七月沂沭橫溢至正七年春二月地震十一年冬十一月癸丑有星孛於婁十三年春正月戊戌熒惑太白辰星聚奎二十年秋八月丙辰有赤氣亙天中有白氣如蛇徐徐西行夜分乃滅二十七年夏六月丁卯蒼山巨石崩聲震如雷

明太祖洪武十九年饑二十四年饑成祖永樂十三年饑十八年大饑英宗正統十三年雷震城四門景宗景泰五年春正月太白歲星合於奎七年春三月太白熒惑合於奎大水憲宗成化九年大饑饑人相食十八年大水二十一年春至秋不雨蝗災人相食孝宗弘治五年蝗大旱饑人相食六年春大旱武宗正德三年大旱人相食十年冬十一月地震世宗嘉靖三年冬大饑人相食八年冬十月初八日星隕如雨十年夏四月麥秀兩歧十五年秋大水冬十月初八日星隕於城化爲石十七年夏淫雨無

麥禾十八年疫夏四月雨雹秋七月旱二十二年春二月大雪三月二十五日地震二十三年春大水二十四年春隕霜殺禾夏四月初二日雨雹旱蝗二十五年夏大水秋八月二十六日地震三十三年大饑人相食神宗萬曆二年秋七月十六日大風雪飄瓦拔木四年冬十一月大星隕雨血六年冬十一月大雨雪人畜多死七年元日雷震雪飛九年流星大如斗明如月自西而東十一年秋七月沭水溢八月雨雹十二年自三月至七月不雨九月沭水大溢二十一年夏淫雨饑明年大饑三十一年秋大水饑三十五年饑大水冬十一月向城地震三十六年春夏旱秋大水冬十月城中地震三十八年旱四十三年大旱蝗蠲賑四十四年饑人相食命御史過庭訓賑濟許有力者納粟捕蝗補庠生四十七年蚩尤旗出東方指奎熹宗天啓七年夏淫雨沭水溢平地深六七尺損田廬無算懷宗崇禎四年大水五年春旱六月始雨至八月中晴壞廬舍平地成河水流百日七年蝗秋大水九月大雪九年秋沂水溢十二年大旱饑十三年大

旱蝗蝻塞廨舍大饑人相食十四年蝗疫大饑

清順治三年大疫人畜多死夏五月大水漂麥禾六年秋七月沂水溢八年秋七月初七日大水知州唐承勳率衆以土塞東門水不得入九年沂沭水溢十六年大水道殣相望康熙三年春三月雨雹四年春大旱夏蝗秋大水六年饑五月麥秀兩岐七年夏六月十七日地大震條裂條合壓陷廬舍人物無算北門外坍出一潭水青黑九年地震秋旱冬十二月大雨雪人畜果木多凍死十年地震十一年夏四月雨雹秋七月蝗地震十三年旱十七年旱秋大水沭水溢二十三年春大饑二十四年夏淫雨沂沭決河有海魚怪鳥夜啼城頭數十日三十九年大水四十一年沂水溢大饑四十二年大水無麥冬無雪大饑四十三年自春正月至夏五月不雨六月大雨大饑四十六年大饑四十八年春大雨三月大饑六十年大旱黑丹傷麥雍正元年大旱夏四月大風晦六月蝗饑三年春二月沭河乾九年春大饑十年自春正月至夏六月不雨十一年夏六月大風四拔

夜損禾秋七月亦如之蟲食豆大水乾隆三年旱蝗八年冬十一月彗星見危歷室壁及奎明年二月乃滅十年大水冬大雪十一年夏五月至七月大雨自九月不雨至十二年春三月始雨大饑十二年夏五月大水秋大饑十五年春恒雨十八年水災秋八月九月雨二十年恒雨饑二十一年大饑二十三年大有年五十一年大饑道光二年饑十三年大水縣民吳恒元塲下塌出古井一至今水不竭大饑人相食二十七年春二月初八日雨木冰樹枝草葉凍如琉璃二十八年夏六月二十日夜大風拔木三十年夏四月二十九日日赤如血三日乃止秋八月初六日月赤如血三夜乃止咸豐元年春二月十八日大雪夜有雷聲二年饑冬十月初六日地震三年大饑三月初七日地震初八日午時又震大祲七年蝗蝻徧野饑九年春二月初八日寅時地震同治元年春三月二十七日夜地震夏四月二十五日又震秋閏八月二十八日夜復震四年春正月十三日夜大雷風雪竟夜二月初五日夜雷電交作雹大銀杏夏六月十二日夜

大風拔木六年秋疫冬十二月初二日夜地震十一年冬十二月初五日風雪晝日夜平地數尺十二年秋七月大水光緒二年春二月十八日夜大風有火如毬三月初五日地震秋蝗三年秋七月二十四日蝗飛蔽天六年秋旱蝗蝻損豆十年冬十月晦日夜中紅光徹地鷄犬皆驚十三年夏旱無豆饑牛大瘟十四年旱饑二十年春二月初九日雪木氷鳥獸多死秋七月初十日隕石於城東齊莊二十一年牛瘟至明年春十傷八九二十四年饑二十五年旱夏秋蟲食穀幾盡二十六年蝗冬十一月十八日辰時地震二十四日酉時又震三十二年秋八月十四日地震九月初七日夜明聲自西南來空中流星亂落三十三年夏秋旱無豆三十四年秋八月大水冬牛瘟宣統元年夏六月大水秋無豆冬十一月二十七日旦無雲而雨夜中地震

右下篇

范築先修　李宗仁纂

【民國】續修臨沂縣志

民國二十四年(1935)鉛印本

續修臨沂縣志卷三

大事記

民國成立事變迭更影響及於社會至奉軍入關張宗昌督魯與蘇皖儼同敵國臨沂毗連江蘇尤居兵事要衝由兵禍而致匪患由匪患而致饑饉民命輕於草芥兵士威於虎狼痛定思痛不堪回首採訪者不及十五六也今自五年以來悉以大事統之舊志本分災異為下篇然天道幽遠徒滋迷信至水旱凶荒仍屬人事謹分年列入不另為篇

中華民國五年二月抱犢崮股匪王為等掠第八區全縣匪患自此始

四月沂防營營長張華亭擊斃王為於鮑家莊　十月縣知事蕭仁暉經省議會彈劾撤職解省查賬所吞公款吐出贓款無結果而逃

六年四月駐沂第七旅團長孔昭義剿股匪王四麻子於南橋鎮西會民團擊斃之　十二月股匪郭安等劫車輞村

七年三月股匪張梁于三黑等破南曲坊村擄（俗名架票）男女四十餘人　七

月設第二屆省議會複選舉事務所於縣公署　八月股匪胡宗銀等破八區之橫山鎮擄三十餘人　十一月抱犢崮股匪張繼先等由縣城北大掠四區三區各村東路五區之棗樑村殺八十二人復自南境之六七八各區竄回老巢

八年八區之太湖村人周成自外回自言能以符咒避槍砲用大刀殺賊設壇傳習蔓延全縣分紅旗皂旗等會　匪刦東莊及傅家莊等處擄二十三人　三月改編第五旅營長張華亭誘誅匪首張繼先等五人

九年匪破太湖村殺紅旗會首領周成及徒衆百餘人　匪首趙成志徐大鼻子王景龍劉四等分據八區各村恣行刦掠

十年七月設三屆省議會複選舉事務所於縣公署本縣初選取消　徐大鼻子徐黃臉趙成志徐牛各匪佔蘆塘山一帶各村民多逃亡

十一年督軍派旅長吳長植來會勦抱犢崮土匪派籌給養接濟本縣派給養自此始

股匪孫安仁等破五區之姚家官莊殺七人焚房屋五百間
十二年六月股匪趙嬀嬀等破二區之登衣莊殺傷七十餘人房屋盡焚
同鄉李宗仁楊酉桂陳德樹等呈請省長熊秉琦發恤金一萬圓　七月
第五旅旅長李森圍股匪趙嬀嬀等於五區之滂坡圩匪遁　股匪趙嬀
嬀等掠三區之湯頭鎭一帶
十三年一月兗州鎭守使張培榮派張華亭來勦匪擒斬匪首徐大鼻子
等　三月第五旅團長張烈擒斬匪首趙嬀嬀等地方肅清　十月游擊
隊隊長王沂華率隊投徐海鎭守使孫鉢傳
十四年九月第五旅旅長徐源泉率隊赴曹州以第三營營長王金彪留
守　督軍張宗昌派徵大車四百輛縣長彭一卣以請求減免撤職　改
舊沂州七縣爲琅琊道以王銘珍爲道尹兼臨沂縣知事　二十四日奉
軍孫鉢傳率潰軍至二十五日奉軍邢士廉倪占魁黃鳳岐率潰軍至分
住城内外商號民宅糧草衣裝悉派城戶供給道尹同在籍參軍錢廣漢

地方財政處長吳林楙區長韓焯商會會長蔣鴻相前地方財政處長石毓廷等妥籌安撫幸免譁變　始在縣署設軍事招待處　十月初二日潰軍北去　初三日道尹王銘珍出巡札委前縣知事彭一古攝縣事第三營追道尹至營中囚之索餉由士紳錢廣漢等留營作質始釋之去借款六千圓予之　初四日袁永平率紅槍會數百人因警備隊入城放獄囚縱積匪宋東泰解王志等禁搶劫招各鄉會匪鄭嘉平率匪百餘人至警佐王毓璣降袁電蘇軍協助　各機關組織臨時參事會　初八日蘇軍白寶山派將毅率第一支隊至　十八日將毅驅袁永平等出城被號召之會黨已未入城者悉合爲匪分六股搶劫全縣糜爛來城避難者多露宿檐下　會匪賈玉魁等掠五區東部五十餘村　股匪孫安仁蕭福樓等佔八區之興隆鎮　十一月股匪解王志等破五區之南沙窩村殺二十三人焚屋百餘間　股匪宋東泰破四區之許家莊擄三十餘人殺五人　臨時參事會以軍隊給養無出公議呈准立案由縣署印每張

京錢一千文之不兌現紙票以丁糧作抵俟平安收回　匪破五區之翟家官莊殺八人　會匪刦掠三區四區北部三十餘村　會匪孫復堂張鴻恩等佔五區之朱家村及柳莊威迫各村出銀錢給養　蘇軍剿匪於卞莊　十二月匪焚三區之廟前村　股匪孫復堂田思青等屠五區之穆家疃殺一千一百餘人遂盤踞蒼山一帶　會匪萬福沛等佔五區之白茅村威迫各村出銀錢給養

十五年一月蘇魯構和蘇軍支隊長蔣毅收編第三營而去　奉軍預備軍軍長王翰鳴率隊來沂　總計潰軍過境用洋三萬一千四百一十圓袁永平入城用洋二萬七千九百一十四圓蘇軍用洋十四萬零四百九十一圓所派給養夫馬稱是　股匪破五區之樓子村殺五十二人全村盡焚　大股土匪來窺城至城南十里堡王翰鳴派楊樹滿擊走之　瑯琊道尹周仁壽至　設沂州鎮守使以翟文林任之　股匪孫安仁等破六區之沙墩一帶十餘村　二月翟文林派支隊長楊鎮滿剿匪於五區

之劉家屯擒斬五十餘人　股匪宋朝勝劉天增張黑臉劉黑七等破四區之大山窯殺六十三人擄三百餘人宋朝勝遂佔程家屯　續印每張京錢五千文之不兌現紙幣　三月楊鎮藩勦匪於四區北部擒斬四十餘人匪遁　直魯軍派補充旅長劉荆山收編孫安仁黃福樓劉一萬扁沛等股匪由所在地方供給并索開拔費　鎮守使翟文林招降袁永平侯六合鄭嘉平趙玉琢等編袁永平爲第三支隊隊長餘爲營長分駐各鄉仍暗中擄掠　支隊長楊鎮藩誘土匪三百餘人入城囚之獄陸續斬决　四月三日晚獄中土匪破監門由東門逃去四十餘人　五月以所印紙票多僞造赴上海印紙票八十萬吊後陸續增至三百餘萬吊　六月道尹周仁壽復請一百二十六旅旅長黃鳳岐來駐防給養益增　七月支隊長楊鎮藩誅鄭嘉平於朱陳鎮及其黨十八人　鎮守使翟文林殺袁永平於瑯莊殺侯六合於城內及其黨五十餘人　八月設賑務會於瑯琊道尹公署提用上海印票二十萬吊　聯軍司令孫傳芳捐助紅

糧二千石　黃鳳岐派隊在七區勒罰款項沒收良民槍枝　十月設收回小票籌備處一由各區富戶派捐一呈准省署將各軍用款撥還一在丁糧附收計十年收清後均以時局改革停辦僅收丁糧一次焚各種小票一百二十萬吊上海印票二十五萬吊

十六年一月派商界包墊軍用票二萬圓　匪焚四區之鐵山坡十餘村　股匪毛學田等破四區庫屯村殺十五人擄四十餘人　三月鎮守使翟文林赴省至兗州被刺死　旅長楊鎮藩自鄒回沂沂防安堵　股匪劉作五陳錫保等刼五區十餘村　避匪難民赴關東山東同鄉會會長遲子祥等在大連營口設收容所並請求鐵路局免老幼車票　第四師師長方永昌來沂取消鎮守使　股匪劉天增宋東秦宋朝勝等破四區之南曲坊村殺十餘人擄二百餘人　四月師長方永昌殺駐防莒縣沂水縣之旅長王恩毓囚旅長楊鎮藩　匪破四區之閔家寨殺二十餘人　師長方永昌勦匪於閔家寨擒斬十餘人　縣長袁耀堂辭職道尹保科

長蕭汝駿代理　雨雹於第六區之大橋村一帶長寬約四十里　股匪徐寶獻王連慶吳鳳志趙承學等攻入八區之孫坊村經朱邑村村長徐成功等會各村民團擊退斃匪數十人　成立平糶局提用上海印票十萬吊　商民成立紅十字分會　股匪徐寶獻等破二區之守義莊殺四十餘人擄二十餘人　股匪劉天增破土城子擄四百餘人旅長申篤武奪回百餘人　五月孫傳芳潰軍五六萬人由淮海北遁過境沿途遺棄槍彈多爲土匪所得　派城鄉籌小麥二千石　道尹周仁壽提用上海印票三十萬吊作犒軍及給養　國民革命軍北伐二十三日破郯城二十四日攻城　匪破四區之廟疃村殺八十三人　股匪趙家枌徐寶獻謝主德等破二區之峯山村殺二百餘人又破小丁莊殺四十六人　國民革命軍力攻南關及南門三晝夜不克後每夜進攻　居民有中流彈死者多穴地以居　二十九日縣長蕭汝駿奉令搜糧凡市肆之堪供食用者盡取之　軍需處多糴賣糧食貧民賴以全活　六月拉城中民夫

守城　股匪許振聲等破二區之富義莊殺李傳臯等五人擄一百四十餘人遂徧掠城西各村　股匪圍五區之山西頭村村民淩準淩迪先淩雲瑞淩雲耀等率衆死守自五月至六月救出被擄挖圩牆之難民三百餘人村民死四十九人城中解圍後匪始退　營長方大昌開西門出戰陣亡　十三日國民革命軍以換防退　十四日開城門派兵士赴各鄉搜糧十里内無遺　居民出城者達二千人　十六日警備副司令祝紹範解送麵粉子彈至　國民革命軍復北伐祝紹範戰敗入城圖復合軍長方永昌以貽誤軍食囚縣長黄汝駿以軍法官柳鏡瑺代理　二十二日國民革命軍飛機至城上擲炸彈數枚未傷人　二十四日國民革命軍解圍退　二十七日自稱蘇魯義軍之匪首劉竹溪高近彪武占山等焚刼五區之白茅村殺五人擄十餘人　二十八日股匪陸寶山等破二區之後東門擄十一人　復派兵出城搜糧并派各村及商店繳糧

七月軍長方永昌以上海印紙票價落下令取消全城錢商停閉　商會

設公益錢局出紙票以維現狀　匪破蘭陵鎮　師長黃鴻逵過沂赴郯城縣　軍長方永昌派商民辦軍褲軍鞋各一萬　匪破二區之城子村殺二十餘人擄二百餘人　軍長方永昌槍决前縣知事黃汝駿前旅長楊振藩　股匪劉天增等破二區之王家莊村人肉薄巷戰斃匪一百四十七人村民死一百八十二人　八月股匪劉麻子破四區之尖山寨殺二十一人擄三百餘人　督軍張宗昌派專員勸派鴉片種子　股匪劉天增等攻四區之莊家村村民莊元安等率衆擊斃之副賊張黑臉復糾匪破村殺八十餘人房屋盡焚　股匪相克受丁大祥等破五區之西潘村殺四百餘人焚屋七百餘間　匪破二區之南大橋等村死傷二十餘人　九月軍長方永昌捐洋三千圓修南門樓及南關子因戰事被焚之民房每間給洋二十圓　股匪李斗金李斗銀等焚掠蘭陵鎮西五六十村　軍長方永昌率軍赴東海縣　大旱村民多賣耕牛以食　十月二區民團首領王伯英等破李斗金李斗銀趙家枌等大股土匪於小官莊

股匪二十餘人救出被擄男女三百九十九人　道尹張金鎔到任　匪破五區之劉家湖村殺二百餘人　十一月大雷電雨雹　禁煙督辦方乃昌來沂設官膏局抽燈捐　二十七日直魯軍十三師顧震劉荆山率軍自沭陽縣至住南關東關商號民宅　二十八日直魯軍十一軍張宗輔率軍自東海縣至住城內商號民宅　十二月二日軍長方永昌自陽殺集敗回　六日張宗輔等各軍北去　派各鄉出糧草車馬民夫　大饑沭東一帶擄人者米麥鞋襪均可贖

十七年匪攻五區之臘馬莊被擊退團丁龐作順追賊中傷死　二月派商會代消軍用票三萬圓　股匪史思聰兄弟掠五區之齊莊一帶各村殺四十餘人　三月股匪破四區之旦彭街殺十四人擄四十七人　派民夫千餘人修補南關圩牆　三月上海濟生會派張賢清邱間清在册山區放賑款四萬圓以戰事起終止　國民革命軍第十七軍北伐至沂　十八日大戰於城南之沙溝　十九日軍長方永昌殺商會會長徐

維勤　二十日軍長方永昌率軍北遁　縣長柳鏡瑤逃　二十三日歡迎十七軍入城　總計預備軍用洋三萬零三百零九圓補充旅用洋五千六百六十三圓鎮守使用洋六萬二千零五十九圓警備副司令用洋萬餘圓一百二十六旅用洋萬五千餘圓方軍用洋十七萬餘圓其派自各鄉之給養倍是　五月十七軍奉令拆城拆去城堞及外甎十之五改縣公署爲縣政府縣知事爲縣長　設臨沂縣法院　改警察所爲公安局　六月設區務委員會每區一人　七月全縣大旱蝗蝻生　中央特派員到縣組織黨務　成立農民協會學生會婦女協會　八月股匪刼掠六區五區東部　各鄉均自動捕蝗　沭東蓬蒿沒人者五十里蝗食秋禾幾盡并及豆類　警備隊副隊長王雲驄勦匪於蒼山一帶擒斬積匪袁照文兄弟及其黨二十餘人旋撤職　招安之先遣隊武占山住湯頭鄉趙家枌駐相公莊鄉索給養勒罰槍枝款項　成立賑務分會法院審判官徐鵬志詐民取財由十七軍二師黨部押解赴省　省令

豁免十六年以前民欠丁糧　縣政府以警餉無着由特派員提議全縣借洋四萬圓城區一萬圓十四區三萬圓嗣後二年連借六次均派隊守提　縣政府派員赴各區催繳去冬欠繳鴉片種子價　取消區務委員會　義賑會派員來查災　股匪丁大祥等破六區之掛劍鄉民圩七處殺五百餘人　第九師剿匪於五區東部匪遁　匪首劉桂堂（即劉黑七改名）招安過境沿途騷擾送款三千圓始免入城　九月劉志陸率軍來沂收編武古山趙家枌部　招安旅長劉黼隆部來駐防　義賑會發賑款六萬三千六百零六圓紅糧一千袋（後以運費太多作價四千八百圓）大雨沭水漲溢淹田數百頃　省令劃臨沂入第八區派區長薛家斌來辦民團行至蘭陵與劉旅衝突公推王廷珍等疏通二次始暫駐郯城縣　散放各區賑票極貧戶二圓次一圓　派城中居民出夫修補城牆備防守（嗣後二年連修五次）劉黼隆剿匪於五區之陳家莊擒匪首劉四順一平把（匪名）等四十餘人斃三十餘人救出男女五十餘人　第四區北部發生虎列拉疫病蔓

延其烈土匪乘疫病破四區之王蝎子寨殺二百餘人以寨有積糧據爲巢穴　劉福隆收編六區五區東部各股匪爲教導團　十月股匪破二區之杭頭村殺五人擄三十餘人　劉福隆解决趙家粉部於相公莊匪破四區之鵝莊殺七人擄二十餘人　縣務會議以相公莊湯頭南河村三區未出給養各派款一千五百圓賠償劉福隆槍枝　十一月二十二日劉福隆旅開拔索開拔費四千圓殺未賠之幼女七人男二人二十四日調楊蘭齋王伯英帶民團入城防守　二十八日區長薛家斌自郯城來沂令各鄉辦理民團　十二月股匪丁大祥等焚掠五區之鄭旺莊大小尤家一帶遂據守小尤家　劉志隆率軍自城東南下沿途索給養城門晝閉者二日　薛家斌率民團剿匪於小尤家匪遁往湯頭以北　第十軍軍長楊虎城派隊至湯頭丁匪先遁至莒縣之夏莊受劉桂堂招安　裁縣署軍事招待處自北伐成功後凡駐軍及招安軍隊過境軍隊約共費洋十五萬餘元給養稱是　第十軍剿匪於五區之小官莊

擒斬八十餘人得槍四十餘枝　第十軍團長郭景唐剿匪於八區之王家場斃匪首王連慶及其黨四十餘人得槍三十五枝機關槍一架

十八年一月二十一師（第十軍改編）剿匪於費境薛南村追至朱柳屯匪據民圩死守兵士躍入斃匪一百十八人得槍八十餘枝自是匪無敢據守者　各法團毀各廟偶像留孔廟關岳廟五賢祠右軍祠四處　禁陰曆年節慶賀　匪破五區之埠上村擄一百五十餘人　二十一師追匪至江蘇省之桃源村下莊匪盡棄肉票而散斃匪二十餘人得槍十五枝

二月各學校奉令一律男女合校　縣法院檢察處對於數年前人民之因自衛斃匪者均以擅殺受理匪燄復熾　二十一師師長楊虎城剿匪於五區東北部遂殲丁大祥股匪於莒縣之夏莊並破劉桂堂於大店鎮斃匪二百八十餘人得槍百餘枝以調防退兵　三月大饑流民多往關東　區長薛家斌逃　卸任縣長周瓊林吞公款四千餘圓監視數日逃去復署臨邑縣　四月縣署復設軍事招待處　五月世界紅十字會濟

南分會在本縣放賑洋二千圓　縣黨部迫教育局長朱家琛辭職　縣黨部同縣署組織地方財政稽查處數月無結果　七月設小學職教員黨義訓練班　九月賑務會取消改組賑務分會

十九年五月駐防旅長高桂滋收繳民團部槍枝百餘退莒縣　五十八師師長陳耀漢派隊攻莒縣　十月設鄉鎮長訓練班　九月五十八師勦匪於八區之店子街擊斃首劉四及其黨二百餘人得槍百餘枝

二十年縣教育會成立　各行同業會成立　縣商會改組　改劃全縣十五區爲八區區長由省委　七月大雨城中水道閉塞塌屋七千餘間第四區山水暴發自王溝村沿柳清河至汾河村淹十餘村塌屋萬餘間　九月八十一師師長展書堂勦匪於五區之白常河裏等村擒斬五十餘人　改劃舊有各保爲一百九十二鄉鎮　八十一師清鄉

二十一年省政府委員查勘柞城擬劃本縣七八兩區及郯費邊地爲柞城縣後以城址偏東及經費無着停辦縣長王承曾釋巨匪劉殿選等予

以悔過書（二十三年劉匪被捕後呈驗證書并供稱繳大洋二千四）九月馬陵山股匪趙連举等破二區之三重村搗小學師生三十八人死者二十四人　八十一師追剿股匪至馬陵山獲窩主薛謙德等

二十二年一月改財建教三局爲縣政府三四五科　六月縣法院檢察官胡景清濫罰巨款吞沒保證金經各法團各區長呈控査實吐贓調任他縣　七月裁軍事招待處自復設招待處後各區攤派招待費八次共二十餘萬圓　縣長李鳳五令人民獲匪者經鄉長莊長甲長等具結後無庸對質自是各鄉始敢解送匪徒　九月六十六旅旅長李占標清鄉擒誅積匪高近彪宋五郭五趙家枌等三十餘人餘多遠颺　十一月山東省主席韓復榘來視察嚴禁招待　縣長范築先永停各區攤派剔除區鄉鎮長及政警積弊嚴査毒品　修台濰汽車路

二十三年二月六十六旅擒誅巨匪劉殿選等二十餘人　三月巨匪劉桂堂自河南竄山東南部經六十六旅參謀長郭鴻儒將隊在青駝寺鎮

截剿不得回巢竄入五區東部　設臨時飛機場於城西南　劉匪連破穆家疃蔡莊劉家莊李家埠十餘村殺二十餘人刼掠一空　四月師長孫桐萱谷良民展書堂各部會六十六旅殲劉匪餘黨於五區北部時大軍雲集地方絕無供應爲歷年所無　五月旅長李占標縣長范築先籌備進德分會就北大寺改建　文獻委員會成立　七月一日進德分會成立　縣長革除編審積弊當堂投標公開　八月參謀長郭鴻儒縣長范築先剿匪於三區之圪塔墩村擒斬四十餘人　縣長查覺丁糧徵收處積弊改組　十二月沂河大石橋落成

二十四年全縣聯莊會成立縣長不時巡查訓練　二月十六日旅長李占標乘舊歷上元節派隊擒斬土匪四十餘人於五區之歡疃溝村　四月新生活促進會成立　放足委員會成立　五月拆南門之二層門　旅長李占標在南關大教場建營房二百二十五間以兵代工　雨雹於五區之韓家村一帶寬十五里長四十餘里麥禾盡毀　重修城北門外

之迎仙橋　縣立醫院成立　六月裁民團大隊　八月各界救濟黃河
水災募捐委員會成立　十六日由魯西運來黃災難民四千餘設收容
所於各區　三十一日省主席電縣政府自九月一日起停止縣縶部活
動由縣政府接收　旅長李占標縣長范築先參謀長郭鴻儒創辦私立
進德分會小學聘李宗仁任義務校長　臨沂紅十字分會派會員伍獻
之胡次張劉小洲張錫之分赴各災民收容所治療分給救急藥品

臨沂縣志

四十八

【乾隆】郯城縣志

（清）王植纂修　（清）張金城續修　（清）王恒續纂

清乾隆十四年（1749）修二十八年（1763）續修民國十七年（1928）鉛印本

郯城縣志卷之三

編年志

龍門涑水代有紀錄惟紫陽綱目一書上倣春秋年經月緯揭庶政之綱維垂百世之法鑒史也而經寓焉郡邑之志舍此何循舊帙惟紀禨祥尚少提綱挈領之義故爲搜故實敍時代自周秦以迄盛朝按籍而求始末秩如且於是邑歷代以來變異災危民生困阨之來由與夫皇仁軫救有加無已之異數皆若目擊而身受也補編年志

周景王二十年郯子朝於魯郯國始見於此啟昭公十有七年也

秦二世皇帝二年秦嘉起兵於郯

漢孝武帝太始三年二月幸東海獲赤雁作朱雁之歌

郯在漢爲東海郡屬曰郯縣

孝昭帝始元三年鳳凰集東海遣使者祠其處

晉惠帝元康五年夏六月東海雨雹深五寸次年三月

東海又隕霜殺麥禾

元成宗大德五年益都路大水郯在元屬益都路沂州

泰定帝泰定元年益都東昌二路大水

明太祖洪武元年始置郯城縣領於沂州屬濟南府後

又改屬兗州府

十五年頒臥碑於學宮始建縣學

二十四年詔廢寺觀命一縣止存一區餘歸併爲叢林

時人爲之曲庇竟不果廢

明憲宗成化十七年大饑人相食

武宗正德十年十一月地震

十四年秋八月大水

世宗嘉靖三年冬大饑人相食

九年始改稱孔子爲至聖先師別建啓聖祠用張璁之

議也從祀先賢先儒各增改有差

十五年秋大水

十六年有星隕於城中旦視之則石也

二十五年夏大水

三十一年秋七月大水城幾陷平地深一二丈漂沒民

房屋不可勝計

三十二年大饑斗米銀二錢盜賊蜂起餓莩載路

穆宗隆慶元年四月澇溝鄉雨雹深尺許麥禾盡空

三年七月大水

神宗萬歷二年七月大風十四日至十七日大風拔木

橫雨穿墻房屋傾圮過半禾稼渰沒是年太饑

七年正月元旦震雷雨雪

八年七月二十五日青龍見於城南三里首蓋瓜甲盡見士民聚望咸以爲祥

十一年夏六月大雨南門崩壓死守城夫二人七月中雨甚沭河溢城堞盡圮城垣僅存十之二三南門橋磚石漂沒城外乘舟往來八月初雨雹如鴨卵前水淤未及之處禾稼盡空

十二年自三月至七月不雨稻禾盡枯七月十九日忽沭河大泛溢淤沒頗多

四十三年蝗蝻爲災大饑人相食父子夫妻兄弟不相保聚或數十文錢即賣妻子流亡載道

熹宗天啓二年白蓮教爲亂妖人煽亂百姓惑之多攜持婦子牽牛架車裹糧槖飯以趨赴者遂猖獗陷鄒滕嶧鄆諸縣邑民流離斃命鋒鏑殺身者不可勝計

七年夏霖雨沭水大溢衝塌迎恩橋聲聞數十里河中水深數丈城濠兩岸各塌十餘步平地水深六七尺殺禾害稼蕩民田廬無算

莊烈帝崇禎六年四月夏莊鎭大雨雹週近夏莊地三十里二麥春禾一空

九年秋沂水泛溢衝決洪福寺河堰邑西北至西南一面寬三十餘里長七十餘里戸口漂没廬舍一空次

年復決𡋯口社龍潭河口上下六七十里民大饑

十三年大旱春麥間飛蝗遍野未幾又生小蝻附壁入室衣物盡蛀緣城進縣民舍官廨悉爲塞滿至釜竈掩閉不敢開捕護數百千石蝗愈盛合境大饑人相食

十四年春泰安寧陽之交史二姚三等土賊大起聚衆數萬人流入沂郯三月初一日陷李家莊初四日陷馬頭鎮焚掠一空初六日來窺城札營城南肆行焚掠未幾巽風大起白晝陰晦有火炮入賊營始拔衆南遯紅花埠值民皆掩門避風不期賊至比戶殺傷

焚掠無餘遂東掠海州境轉而北營夏莊鎮方圓四五十里殺傷甚衆

國朝世祖章皇帝順治元年甲申春三月土賊焚殺數月不寧九月大兵來鎮沂州民始安堵

六年七月沂水大溢衝決唓口社南崖上村河堰馬頭鎮東上下五十餘里間禾稼盡空

七年正月初七日楡園流賊突至歸昌集週近三十里殺傷甚衆扎營一宿而去

八年二月草寇王肖吾攻陷邑城殺擄人民舉人杜之棟駡賊死迫七月沂沭兩水並溢四境渰沒新任知

縣張崇德由馬頭平地乘舟來郯到任次年六月兩

河復漲溢秋冬大饑

九年頒臥碑於學宮

十一年奉恩詔順治六七兩年直省民欠地丁本折錢

糧悉予豁免十三年又免八九兩年民欠

十三年設官莊戶部覆准山東額外荒地每五里設一

官莊借給資本三年償還後照熟地例起科

十四年頒賦役全書

十六年五月霖雨沂沭兩河俱溢時二麥甫收未登場

者漂沒一空已登場者亦浥爛全壞五穀盡失無收民

大饑斗米千錢

聖祖仁皇帝康熙三年甲辰免逋賦詔順治十五年以前民欠錢糧盡行豁免次年又將十六七八等年各項民欠俱行蠲除

四年大旱蠲免錢糧麥禾俱枯佈種全無民情洶洶思亂巡撫周有德疏奏勅委部臣查勘賑濟及至又值霖雨淡沂沭水漲部臣乘舟而去覆奏遂免本年一年錢糧

六年夏麥秀兩岐有三岐四五岐者至七月穀又與麥同時知縣爲金煜士民作麥岐頌誦之

七年六月地大震大糧免十分之四有聲自西北來一時樓房樹木皆前俯後仰以頂至地者二三次遂一顚即傾城樓垛口官舍民房併村落寺觀倒塌數十萬間打死男婦子女八千七百有奇人立地上如履圓石展轉搖擺不能立移時方定地裂泉湧上噴二三丈遍地流水溝澮皆盈移時即化爲烏有地裂處或縫寛不可越或縫深不敢視其陷塌處皆如階級有層次裂縫皆有淤泥細沙深淺闊狹形狀難以備述如庠生李獻玉屋中裂縫存積一空獻玉陷入穴中勢似無底忽以水湧浮起復得扳岸而出廩生李

鋶垣有麥一箇陷入地中僅存數握又廩生高德懋家口二十九人僅存一男一女一時死屍遍野不能殮葬知縣馮可參有災民歌紀其事

八年免逋賦順治十六七八年康熙元二三等年寔在民欠概予蠲免

九年十二月大雪平地皆深丈餘凡莊村樹木處積雪高與之齊室廬盡爲埋沒百姓多自雪底透竅而出者數日有不得已而出行者或凍死於塗

十年免逋賦詔康熙四五六等年直省民欠錢糧盡予豁免

十一年夏曹莊有龍鬬夏四月初午前晴明有赤白等
龍數條鱗爪俱現黑白雲並大風隨之草木盡拔繞
山左右轉鬬日暮入蒼山大雨如注
十三年旱
十七年沂水衝陷北城六十丈田禾淹沒民饑次年奉
旨遣官賑濟
十八年頒聖諭十六條命所司於月朔督講紳士兵民
肅聽以崇教化
二十三年正月七日雷震歲大饑頒萬世師表扁額於
學宮

二十四年沭沂大水免田租之半夏霖雨不止兩河水決平地行舟是冬及次年春米貴民飢戶部覆淮郯城魚臺二縣康熙二十四年下半年二十五年上半年地丁各項錢糧盡行豁免設沂郯海贛同知於大興鎮用沂州生員王吉之請也詳藝文志

二十五年詔免錢糧山東本年地丁錢糧盡行豁免

二十八年南巡詔蠲明年田租是年饑上見民間流離狀詔免明年租賦次年戶部又議覆沂州郯城等二十四州縣未完二十八年錢糧准於康熙三十年帶徵

二十九年命直省州縣各置常平倉

三十九年大水

四十一年夏六月沂河大水蠲免錢糧水從沂水縣來人畜房屋樹木隨流而下所至衝決自是連年大饑於四十二年奉上諭郯秦城安等七州縣四十一年未完錢糧俱着蠲免又命將四十三年地丁銀米通行蠲免積年民欠錢糧一併察明免徵又奉上諭朕經過泰安州新泰蒙陰沂州郯城等縣見民有饑色應急行賑救但州縣倉穀年久朽爛無裨於事若將總漕漕米二萬石交與河道總督委員運至濟甯兗

州府等處減價平糶有應賑之處即行賑濟漕運總督亦將米二萬石於泰安州一路散給又將收稅差回之官七員并發在京旗民犯罪降級贖罪一百名伊等俱照奏養蒙古例以所用之多寡議敘四十三年奉旨山東全省四十四年地丁銀着蠲免民間歡呼感德建皇恩浩蕩碑於邑北五里碑陰書民謠九章陝西屈復之詞也頒訓飭士子文

四十八年春大雨三月不止麥禾盡淹次年春大饑

四十九年詔免直省明年錢糧三年而週奉上諭康熙五十年天下錢糧一概蠲免其自明年始分省輪免

三年而週俾遠近均霑德澤並歷年舊欠俱行免徵

五十年禁增建寺廟

五十一年夏大水免本年田租十之二詔以宋儒朱熹幷附十哲之次

五十二年大赦蠲租免新丁丁賦即四十九年恩詔也東省錢糧免於是年其丁銀自五十年編審册定爲常額以後續生人丁永不加賦命鄉會試各加一科是爲癸巳恩科

五十四年詔以宋臣范仲淹從祀文廟位在司馬光下

五十九年命武職得入文廟一體行禮

世宗憲皇帝雍正元年癸卯命改啓聖祠爲崇聖祠追

王先師孔子五代祭文廟加太牢一籩豆用十次年

又定從祀名位酌嘉靖九年之議復祀者六人林放

蘧瑗秦冉顏何鄭康成范寧增祀者二十人縣亶牧

皮樂正子公都子萬章公孫丑諸葛亮尹焞魏了翁

黃榦陳淳何基王柏趙復金履祥許謙陳澔羅欽順

蔡清陸隴其增入崇聖祠一人張迪命鄉會試各加

一科是爲甲辰恩科

二年陞沂州爲直隸州郯城隸之命建忠義節孝孝弟

二祠又命孀婦守節十五年年逾四旬故者得予旌

表旌命營伍節婦一體予旌頒聖諭廣訓推康熙年間十六條之意爲萬言諭夏四月命歲舉老農一人給冠帶榮身未幾又定濫舉老農之罪改爲三年一舉

三年追關聖三代公爵制祀於後殿歲凡三祀

四年頒生民未有匾額於學宮

五年春二月命州縣建先農壇各置籍田四畝九分春月縣令祭壇行耕籍禮命秩官紳士常服加帽頂以別等威

六年命直省拔貢六年舉行一次

八年秋濟南兗州東昌青州四府大水邑東沭河西沂河皆大漲漂廬舍淹田禾不可勝紀奉文通縣普賑

十二年陞沂州爲府以蘭山郯城七州縣隷之

今上乾隆元年丙辰夏大赦命鄉會試各加一科是爲丙辰恩科

三年頒與天地參扁額於學宮詔以有若升祔十哲元儒吳澄從祀有若位卜商之下

四年大水賑恤報災六社

七年大水賑恤成災者三十九社賑穀九千三百二十餘石銀二萬一千三百餘兩

十年水災賑恤成災者二十六社賑穀七千六百餘石

十一年水災民饑賑恤是年成災者十九保已照例賑恤十一月内奉上諭今歲山東被災州縣朕經疊次加恩賑恤復念沂州府屬之郯城縣本年被水成災亦至八九分且該縣地瘠民貧來春未免拮据着照壽光等八州縣之例極貧再加賑兩個月次貧再加賑一個月欽此旋知縣張玉階以勘查戶口尚有遺漏被劾革職於次年三月又奉上諭郯城縣從前遺漏戶口着該撫查明補給一月賑糧以免匱乏欽此

是年共賑米一萬七千餘石銀二萬八百餘兩

十二年春民大饑秋又大水加恩賑恤連年災歉麥秋稍稔秋禾俱被水民大饑成災者三十九社已照例賑恤十一月内奉上諭山東省被災州縣已加恩多方賑恤着將被災最重之東平等二十三州縣衛無論極次貧民概行加賑兩個月被災次重之濟河等六十州縣衛所極貧加賑兩個月次貧加賑一個月其餘成災原止五分并各災屬内被災五分貧民及被災六分次貧止撫恤一月口糧仍不加賑又災屬内有勘不成災與災地毗連者收獲究屬歉薄或應借給口糧或須加賑一月着該撫臨特確察情形酌

量分別辦理一面奏聞欽此於是縣屬六分災極貧並七分九分極次貧加賑兩月六分次貧加賑一月其勘不成災及各社內雖不成災而與災地毗連各鄉村俱得通賑一月又奉旨七分災以上極貧加賑一月於是縣屬得賑者四十一社共賑米六萬二百四十餘石銀四萬七千八百五十餘兩時各縣　殍載路惟縣民賴賑以濟得安其生

十三年奉皇上御旨着普免天下錢糧三年而週東省免於是歲發帑築沂河兩岸浚渠河用巡撫阿里袞之請也上諭據撫臣奏以蘭郯二邑河道淤塞堤堰

坍頹爲累年被水之由命大學士高斌江南查賑之便勘實奏聞旋以高斌奏請先命總河完顔偉率同南河叅將邱名龍等勘估土工而石工仍俟高斌親勘於是完與高先後勘奏部議照以工代賑之例沂河土工方價給半又奉上諭東省被災甚重民情艱窘特加恩給發全價蓋異數也兩河修築土石工程詳見山川

十六年聖駕南巡恩免郯城及蘭山等處民借舊欠倉穀各屬錢糧着照被災分數蠲免發粟賑濟又各加賑一月倒塌房間各給修理銀兩凡貧民有牛無力

喂養者每牛一頭給銀九錢其南巡經由御路兩旁
地畝錢糧免十分之三
十八年奉旨賑郯城等處饑民錢糧蠲免
二十年奉旨蠲免各被災處錢糧發帑賑濟
二十一年春加賑
二十三年夏冰雹秋被水災奉旨賑濟又南巡經過御
路兩旁地畝錢糧蠲免十分之三
二十五夏被水災奉旨賑濟
二十六年聖駕南巡經由御路兩旁地畝錢糧蠲免十
分之三凡六十以上老民老婦賞給綿肉有差

【光緒】費縣志

（清）李敬修纂修

清光緒二十二年（1896）刻本

費縣志卷十六

祥異

晉

元帝大興三年夏四月甘露降

孝武帝太元十一年榆木連理

南宋

文帝元嘉十一年八月甲辰甘露降于縣之沙里

元

延祐元年三月大水

至正末年地震百有餘日

明

成化四年大饑疫六月大水九月晝晦踰二時乃霽

宏治五年旱饑　六年蝗

正德十五年大饑疫

嘉靖三年冬大饑人相食　四年春大饑　五年夏大旱　六年秋蝗冬大寒　七年春蝗蝻食麥殆盡秋飛蝗蔽天害稼　十六年夏大水　十七年霪雨百日無禾民皆食蒿　十八年春旱大饑疫四月雨雹害麥七月旱穀不實　二十年亢旱無麥禾　二十一年三月地震　二十三年大水　二十五年大水

二十六年杏開梨花　二十九年旱　三十一年七月大水　三十二年春旱五月大水　三十三年大饑人相食大疫　三十四年秋蝗　三十七年四月雨雹　四十二年旱八月地震

萬歷二年七月大風雨饑　四年十一月聞雷城西北十餘里雨血城東南大星落地光如白晝　十一年四月雨雹大如碗　十五年大有年　二十一年夏霪雨四旬餘無禾　二十二年春大饑人相食　二十八年開福寺火　三十年八月地震　三十一年芝草生　三十八年四月地震　四十二年大水

四十三年旱　四十四年亢旱大饑人相食　四十五年蝗

崇禎三年大熟　八年蝗　十三年大旱飛蝗蔽天害稼饑饉人相食

國朝

順治八年七月大水　九年蝗　十六年五月大雨至於八月牆屋傾圮田禾渰沒米貴如珠

康熙三年大旱　七年六月地震聲如雷自西北而東南牆屋盡傾壓斃居民無數平地水涌數尺　九年旱十一月地震　十年八月地震　十一年五月地

震六月蝗雨雹　十三年旱　二十三年大饑　二十九年地震　三十八年大饑　三十九年蟲食菽忽來鸖數萬數日食蟲淨盡菽遂大稔　四十一年大饑　四十二年夏大水冬無雪大饑　四十三年大有年　五十年大水　六十年黑丹害麥秋大旱饑

雍正元年四月大風晝晦六月蝗饑　七年六月大雨沿河禾稼盡沒　八年大水　十年自正月不雨至於六月　十一年大雨河溢

乾隆十年夏大水　十一年夏大水　十三年旱蝗

二十年大水饑　二十一年大饑　二十七年七月大水　三十九年飛蝗蔽天食禾殆盡　四十八年秋大旱　四十九年春旱無麥夏蝗蝻爲災　五十一年春大饑樹皮都盡時有謡曰五十一年春糧米貴似金線穿黑豆長街賣河裏花草分兩觔秋大疫人死十分之七腴田一畝僅易粟一升　五十二年大有年　五十三年大有年　五十七年大有年

嘉慶元年大疫　六年蝗　七年蝗饑　八年正月大雪平地深三尺夏蝗　十二年二月大風晝晦　十五年七月大風晝晦　十八年夏大旱田苗盡槁六

月改種蕎麥八月初隕霜蕎麥盡萎大饑　十九年春大饑死者枕藉相望

道光元年七月大雨河溢沿河居民被災　二年大水饑　三年春饑麥大稔　五年春大疫死者無算五月大旱酷熱河魚盡死秋烈風如火菽爲之枯　七年二月大風黑霧四塞　九年十月地震自西南而東北聲巨如雷　十年大水　十二年大饑　十三年秋飛蝗蔽日爲災　十五年六月大水泐河經宿不消夜滿河有光如鐙有二龍見古井中猪生象尋死蝗蝻生撲打旬日乃盡不爲災　十六年大疫

十七年蝗　十八年蝗　二十年巽方有聲如雷十字莊東嶺隕石數片其色如炭每片約重二三觔許

二十一年八月地震　二十二年六月朔雨雹

二十四年秋旱　二十五年大雨　二十八年夏大水　二十九年夏大雨浚河漲溢

咸豐元年二月雷雹雨雪花大如盤平地深四尺樹枝壓折烏鵲餓死　二年三月雨雹大如茶碗樹木皮枝紛落打傷人畜無數地深尺許望如嚴冬無麥秋大水害稼　三年春大饑賣男女者滿街市夏有蝗不爲災大疫民死無數秋大熟　四年麥大稔秋大

雨河溢鞠家莊榆樹重生莢　五年正月雷電雨雪五月砦子村民婦見兩首蛇六月飛蝗蔽天害稼七月大雨七晝夜祊河溢水從東門入至署前石獅沿河莊村漂沒殆盡民居宅中多生荆棘赤李復結實大如黃瓜時有謠云赤李子結黃瓜十里路內無人家後果亂　六年春地震自東南而西北六月蝗蝻食禾幾盡安山頭村伐榆一株去皮而水流一泥鰍長五寸自木孔中出斷之有血　七年四月雨雹秋蝝爲災集人家厚數寸小兒臥者多被咬傷蒙山華嶨頂崩壓斃居民戚姓十餘口冬鵲生雛水內生蝦

蝝子大雨雪聞雷　八年二月地震五月地震有聲
雨雹大如拳小如核桃地深尺許打斃人畜秋蝗饑
十年二月地震牛生子一首八足十月地震有聲
十一年六月大風拔木七月官營民團鎗礮戈戟
夜出火光數寸碧色熒熒著物不然聽之有聲
同治元年大饑二月黃霧四塞五月飛蝗徧野害稼天
保山兵端火出九月大疫民多死亡冬無冰　二年
饑二月大風七晝夜三月雨雪大疫四月有蝗不爲
災秋大熟　三年夏大饑人食樹葉樹皮殆盡　四
年正月雨雪雷甚厲人畜有震死者七月晝晦星斗

皆見逾時方霽地震歲饑　五年正月雷電雨雪饑
牛疫夏大水　六年饑秋李生黄瓜　七年春雨土
八年正月聞雷六月蝗　九年七月大水　十年
三月隕霜殺麥牛被災幾無遺類　十一年四月雨
雹　十三年七月雨雹大旱
光緒元年七月大風一晝夜禾粒刮盡歲饑　二年旱
大饑民多逃亡　三年四月雨雹大如拳傷麥打斃
禽獸無數六月大旱蝗蝻食禾殆盡　四年春饑三
月雨雹夏蝗不爲災秋大熟　五年五月雨雹大雨
河水溢　七年六月雨雹飛蝗雲集害稼秋霪雨六

旬禾生耳七月大風拔木　九年牛疫九月雨雹
十年十二月大雨雪　十二年五月牛疫七月地震
十三年四月隕霜地震自東北而西南　十四年
春旱四月隕霜殺麥雨雹大如鷄卵　十五年春大
饑人多死亡糧貴甚䅟子十觔值錢六百　十六年
夏大雨河溢東門外石壩沖毀沿河莊村多被漂沒
十七年五月雨雹五色蟲食穀葉幾盡　十八年
冬大寒井皆結冰厚數寸　二十年冬坤方雷震數
處甚厲　二十一年二月大雪東固村龐家村麥秀
雙岐八月地震

【嘉慶】莒州志

(清)許紹錦纂修

清嘉慶元年(1796)刻本

莒州志卷十五

記事

古者國各有史以記當時行事秦火之後蕩然無存惟魯之春秋爲聖人所筆削足以垂教萬世故雖祖龍之焰不能灾也今觀二百四十年中不特魯事有徵即列國之事皆可以附考如莒之散見於十二公者班班數十條想見征伐會盟通於上國寧非幸歟自漢而後莒爲藩國爲縣爲州其間灾祥豐歉以及兵燹所經備載於歷代之史今彙而錄之下至耳目

所及具著於篇題曰記事後之人欲諮於故實庶展卷有得云

周

魯隱公二年夏五月莒人入向　冬十月紀子帛莒子盟於密　四年春二月莒人伐杞取牟婁　八年秋九月辛卯公及莒人盟於浮來（志莒事似當以莒爲主故舊志於公字上加魯字又間有攙入傳文但聖經不便竄改兹悉從春秋本文其采入傳語並皆註出）

桓公十二年夏六月壬寅公會杞侯莒子盟於曲池

莊公八年傳齊鮑叔牙奉公子小白奔莒　九年傳

公伐齊納子糾桓公自莒先入　十年冬十月齊師
滅譚譚子奔莒　十九年夫人姜氏如莒　二十年夫
人姜氏如莒　二十七年莒慶來迎叔姬
閔公二年公子慶父出奔莒
僖公元年冬公子友帥師敗莒師於酈獲莒挐　二
十五年公及衛子莒慶盟於洮　二十六年春公會
莒子衛甯速盟於向　二十八年五月公會晉侯齊
侯宋公蔡侯鄭伯衛子莒子盟於踐土　冬公會晉
侯齊侯宋公鄭伯陳子莒子邾子秦人於溫

文公七年冬徐伐莒公孫敖如莒涖盟　八年公孫敖如京師不至而復丙戌奔莒　十二年季孫行父帥師城諸及鄆鄆莒邑　十八年傳莒弑其君庶其子季佗嗣是爲渠邱公

宣公四年春公及齊侯平莒及郯莒人不肯公伐莒取向　十一年公孫歸父會齊人伐莒　十三年春齊師伐莒

成公七年秋公會晉侯齊侯宋公衛侯曹伯莒子邾子杞伯救鄭八月同盟於馬陵　八年公孫嬰齊如

莒 九年公會晉侯齊侯宋公衛侯鄭伯曹侯莒子杞伯同盟於蒲 冬楚公子嬰齊帥師伐莒庚申莒潰楚人入鄆 十四年春莒子朱卒 子密州嗣是為黎比公 十七年齊高無咎出奔莒

襄公元年仲孫蔑會晉欒黶宋華元衛甯殖曹人莒人邾人滕人圍宋彭城 三年公會單子晉侯宋公衛侯鄭伯莒子邾子齊世子光同盟於雞澤 四年

傳 莒人伐鄫 五年公會晉侯宋公陳侯衛侯鄭伯曹伯莒子邾子滕子薛伯齊世子光吳人鄫人於戚

六年莒人滅鄫　七年公會晉侯宋公陳侯衛侯
曹伯莒子邾子於鄬　八年莒人伐我東鄙　九年
公會晉侯宋公衛侯曹伯莒子邾子滕子薛伯杞伯
小邾子齊世子光伐鄭十有二月己亥同盟於戲
十年春公會晉侯宋公衛侯曹伯莒子邾子滕子薛
伯杞伯小邾子齊世子光會吳於柤　秋莒人伐我
東鄙　十一年夏公會晉侯宋公衛侯曹伯莒子邾
子齊世子光滕子薛伯杞伯小邾子伐鄭　秋公會
晉侯宋公衛侯曹伯齊世子光莒子邾子滕子薛伯

杞伯小邾子伐鄭會於蕭魚　十二年春莒人伐我
東鄙圍台季孫宿帥師救台遂入鄆　十四年春季
孫宿叔老會晉士匄齊人宋人衛人鄭公孫蠆曹人
莒人邾人滕人薛人杞人小邾人會吳於向　夏四
月叔孫豹會晉荀偃齊人宋人衛北公括鄭公孫蠆
曹人莒人邾人滕人薛人杞人小邾人伐秦　莒人
侵我東鄙　冬季孫宿會晉士匄宋華閱衛孫林父
鄭公孫蠆莒人邾人於戚　十六年公會晉侯宋公
衛侯鄭伯曹伯莒子邾子薛伯杞伯小邾子於湨梁

戊寅大夫盟晉人執莒子邾子以歸　十八年冬公會晉侯宋公衛侯鄭伯曹伯莒子邾子滕子薛伯杞伯小邾子同圍齊　二十年春仲孫速會莒人盟於向　夏公會晉侯齊侯宋公衛侯鄭伯曹伯莒子邾子滕子薛伯杞伯小邾子盟於澶淵　二十一年冬公會晉侯齊侯宋公衛侯鄭伯曹伯莒子邾子於商任　二十二年冬公會晉侯齊侯宋公衛侯鄭伯曹伯莒子邾子薛伯杞伯小邾子於沙隨　二十三年冬齊侯襲莒　二十四年秋齊崔杼帥師伐莒　公

會晉侯宋公衛侯鄭伯曹伯莒子邾子滕子薛伯杞伯小邾子於夷儀　二十五年夏公會晉侯宋公衛侯鄭伯曹伯莒子邾子滕子薛伯小邾子於夷儀

二十九年夏仲孫羯會晉荀盈齊高止宋華定衛世叔儀鄭公孫段曹人莒人滕人薛人小邾子城杞

三十年冬晉人齊人宋人衛人鄭人曹人莒人邾人滕人薛人杞人小邾人會於澶淵宋災故　三十一年冬莒人弒其君密州子去疾嗣是爲著丘公

昭公元年三月取鄆莒邑　秋莒去疾自齊入於莒展

興出奔吳展輿去疾弟先爲國人所立者　叔弓帥師疆鄆田　四年九月取鄫莒邑　五年莒牟夷以牟婁防茲來奔　秋叔弓帥師敗莒師於蚡泉　七年傳晉以莒之方鼎賜子產　十年秋季孫意如叔弓仲孫貜帥師伐莒傳取郠　十三年秋公會劉子晉侯齊侯宋公衛侯鄭伯曹伯莒子邾子滕子薛伯杞子小邾子於平邱　十四年八月莒子去疾卒子郊公無國人弗順立去疾之弟庚輿是爲共立　冬莒殺其太子意恢　十九年秋齊高發帥師伐莒　二十二年齊侯伐莒　二十三年秋七月

莒子庚輿來奔齊人納郊公 二十六年秋公會齊侯莒子邾子杞伯盟於鄟陵 三十二年冬仲孫何忌會晉韓不信齊高張宋仲幾衛世叔申鄭國參莒人曹人薛人杞人小邾人城成周

定公四年三月公會劉子晉侯宋公蔡侯衛侯陳子鄭伯許男曹伯莒子邾子栢子胡子滕子薛伯杞伯小邾子齊國夏于召陵侵楚 十四年城莒父及霄按本文莒父合是魯邑今相傳以爲即莒地故仍錄之

哀公十四年莒子狂卒春秋終於此年

考王十年楚簡王滅莒

威烈王二十四年齊宣王（伐魯及安陽楚人遷魯於莒而取其地）

赧王三十一年燕樂毅破齊湣王奔莒為淖齒所殺

子法章立為襄王

漢

高帝二年項羽北至城陽田榮將兵會戰不勝走至平原民殺之項羽復立田假為齊王田橫收齊卒得數萬人返城陽擊假假走楚楚殺之

文帝元年初置城陽國　二年立朱虛侯章為城陽

王都莒在位三年 四年城陽王薨子喜立 十一年城陽王喜徙淮南城陽屬齊 十五年復置城陽國

十六年淮南王喜徙城陽 後元年城陽王喜薨子延立在位三十三年

景帝元年春填星在婁入奎

武帝元朔二年春正月詔曰梁王城陽王親慈同生願以邑分 許之 元狩五年城陽王延來朝薨謚曰頃子義立在位三十八年 元封二年城陽王薨謚曰敬子武立在位九年 天漢四年城陽王薨謚曰惠子順

立在位十有二年

昭帝始元三年熒惑在婁入奎　元鳳五年夏燭星見奎婁間

宣帝甘露三年城陽王　謚曰荒子恢立在位四十六年

元帝永光元年城陽王虀謚曰戴子景立在位八年

成帝鴻嘉二年城陽王　謚曰孝子雲立一年虀謚曰哀無嗣以弟俚紹封莅二十八年王莽敗爲公尋廢

王莽天鳳四年琅邪樊崇起兵於莒同郡人逄安東海人徐宣謝祿楊音各起兵號赤眉合數萬人從崇

攻莒不下或說祟曰莒父母國奈何攻之遂解去至姑幕擊莽採陽侯田況大破之

東漢

光武帝建武十三年省城陽國屬琅邪　十七年進封于京爲琅邪王

明帝永平五年琅邪王京就國都莒後以宮中多不利京上書願以東武陽等五縣易東海之開陽臨沂爲都肅宗許之遂都開陽

和帝永元元年城陽嘉禾一莖九穗　二年春正月乙卯金木俱合於奎辛未水火木在婁

安帝元初四年二月乙亥朔日有食之在奎九度

桓帝延熹三年琅邪賊勞丙與泰山賊叔孫無忌殺都尉攻陷琅邪屬縣朝廷以南陽宗資爲討寇中郎將督州郡討平之

獻帝建安元年東海蕭建爲琅邪相治莒

晉

武帝太康十年分琅邪郡爲東莞郡

元帝大興元年秋八月蘭陵東莞二郡蝗

明帝大寧三年大水

安帝隆安三年燕慕容德自瑯邪引兵而北以南海王法爲兖州刺史鎮梁父進攻莒城守將任安委城走德以潘聰爲刺史鎮州城

宋

文帝元嘉五年白鹿見峋峨山山在州東北七十里今爲狗窩八年松栢連理 二十四年白兔見

北魏

文帝太和十一年獲嘉禾

宣帝景明四年木連理

隋

文帝開皇六年大水

煬帝大業五年大饑 八年大旱

唐

太宗貞觀八年大水

高宗總章元年旱饑

元宗二十七年詔封先賢公冶長爲莒伯

德宗貞元元年旱

憲宗元和十五年春三月填星太白合於奎 冬十

二月熒惑填星合於婁

宋

太祖乾德五年五星聚奎

真宗景德三年蝗

仁宗慶歷八年大水

徽宗崇寧五年彗出西方自奎入婁

太觀四年彗出奎婁自此以後淮北盡爲金有故不記宋而記金

金

衛紹王大安二年益都人楊安兒攻掠莒密改元天

順其僞元帥郭方三據密州掠沂海後伯德玩襲殺

郭方三安兒入海死

宣宗興定元年李全歸宋襲州城取之　二年夏五

月招撫副使黃摑阿魯荅襲破李全於莒州

元

太宗五年萬戶重喜築十字路城

仁宗延祐元年大水

明宗至順元年饑

文宗天歷元年蝗　二年饑

順帝至元元年旱饑　五年饑　至正四年地震
九年雨雹　十一年冬孛星見奎婁　十七年劉福
通將毛貴攻陷州城　十八年大旱人相食　十九
年大饑疫

明

太祖洪武元年青州亂民孫古樸等攻城州同牟魯
死之　莒州賊董彥杲等聚衆二千餘人以紅白旗
爲號大行刼殺千戸孫恭招撫不服安遠侯劉升分
兵勦平之

成祖永樂十八年蒲臺妖婦唐賽兒犯州城

武宗正德六年流賊劉六劉七攻城知州劉仲剛禦
却之

憲宗成化十五年產瑞麥嘉禾

孝宗宏治五年雨雹傷稼

世宗嘉靖二年地震　十七年賊季還宗等以十六
騎攻莒范國卿禦之　十八年大旱饑　二十二年
大水　二十三年大饑人相食　三十四年坪上民
陳花一產三男　三十八年大旱蝗蔽日入人家嚙

人衣服冬疫　四十年春大風　四十二年大疫

穆宗隆慶三年秋大水　六年公堂鼓不擊自鳴者

三

神宗萬歷十年州民于應龍家產芝二本其弟震龍

家椿樹連理　十一年蝗十二月天鼓鳴　二十年

地震　二十五年不雨水沸　三十六年大旱　四

十年秋大風雨　冬十二月晦雷電　四十二年秋

大水疫

熹宗天啟七年焦原山民家牛產麒麟

莊烈帝崇禎七年秋大水九月大雪　十三年蝗七月霜大饑　十四年春大饑蝗害稼　十五年布貴每尺百錢有奇大兵至城破　十六年正月大兵又至歇馬月餘環城三四十里廬舍盡毀地盡荒戶口僅存十之二三　十七年攺革營頭亂起

國朝

順治四年夏旱秋牛疫死者十九　五年夏大雨兩月禾稼盡傷　十六年大水饑

康熙四年大旱民饑蠲賑錢糧全免　七年夏六月

十七日地大震壞城郭廬舍壓死老幼共二萬餘人發帑賑濟免糧十之六　九年地震招撫流亡賑濟復業饑民冬大雨雪平地三尺人物樹木多凍死十年秋八月霜殺稼地震　十一年自七年地震後初時一日數動後或一日一動或一月一動歷四年猶屢動不止夏有星如月自西南流於東北蓬勃有聲　十四年四月十二日霜殺麥　十八年春饑蠲賑彗星見　二十一年蝻害稼州守督民捕滅徧野腥臭　二十二年夏大水沭河東岸灘出銅佛百餘

尊州牧劉爲建古佛寺 二十四年正月初七夜雷
雨大作二月大水河有海魚 二十九年大赦錢糧
夏牛疫十死八九 三十六年夏六月飛蝗蔽日傷
禾八月大雪 三十七年春饑蠲賑錢糧緩徵 四
十二年秋淫雨錢糧停徵 四十三年春大饑蠲免
錢糧自正月至五月始有微雨六月初八日大雨得
種麥穀豆苗生虫食葉殆盡六月二十七日午後忽
大霧氣如硫黃虫盡死 四十四年稍稔蠲免錢糧
許民以原價贖人口田宅 四十五年豆青枯 五

十年五月二十日井邱集東北大風房屋俱毀木不飛空　五十八年秋旱　五十九年旱饑　六十年旱饑　六十一年正二月多暴風旱饑

雍正元年春夏大旱饑蠲免錢糧四月初五日屋樓山左側雨雹大如雞卵損禾稼十七日朱陳店左側雨雹暴雨如前自五十九年至此凡四年沭河水涸井多乾　二年生蝻六月二十九日大風雨雹大者如升被災處大饑

三年春正月大雨雨後大旱三月沭河乾　五年春三月雨雹　七年夏四月雨雹損麥　五月又雨雹

樹木皆折　八年二月二十八日大雪　自五月初旬陰雨四十餘日至六月二十九日大雨七晝夜洪水横流四十餘里衝毁城垣漂没廬舍東西關外潰成深淵淹斃五六千人沙壓良田淤桑盡爲改變九月奉

旨賑恤塌草房一間者給銀三錢　九年春大饑蠲免錢糧　十年北鄉大旱豆被虫災　十一年三月十四日夜雪六月大風損禾豆被虫災蠲免錢糧

乾隆元年大赦　十一年夏四月大雨雹　十二年

大水　十三年大水饑　十七年旱蝗　二十三年
大有年　三十三年夏雨雹地生毛自五月至七月
不雨民間訛傳有剪人辮髮者其人輒昏迷不醒各
省查拏卒不得其踪跡　三十四年五月雨雹　三
十五年奉
恩旨普免天下錢糧　三十六年五月大雨二十一日沭
水暴漲村落田禾漂没無算驗城上水痕比雍正八
年僅少三磚　四十六年八月十三日羣龍見於吳
山東北　四十九年春祁寒途多凍死者是歲大熟

五十年八月朔霜殺稼豆被虫灾　五十一年元旦日有食之春大饑斗粟千錢人相食夏大疫死者不可勝計　五十四年潍陽社劉翰閣家一產三男　五十五年奉恩旨普免天下錢糧莒州於五十七年輪免　五十六年夏六月有赤龍見於龍王崮先小後大長至數十丈觀者如堵惟首藏雲霧中不可見耳所過處草木若火燒痕禾黍無損是歲大熟　五十七年夏五月自賔至十字路雨雹大如鷄卵厚三尺傷禾　五十

九年春

恩旨普免天下漕糧　六十年元旦日食春

恩旨普免天下四十八年以前積欠錢糧

嘉慶元年大赦普免天下錢糧

莒州志
卷十五
十六

【民國】重修莒志

盧少泉等修　莊陔蘭等纂

民國二十五年(1936)鉛印本

重修莒志卷一

記

大事記上

舊志稿之記莒事備列祥異凡沂州府志所載及歷代史中符瑞靈徵罔弗甄錄博矣顧日食星變豈專屬之莒分鳳至龍飛亦何關於人事矧白兔蒼烏芝一本木連理之類事近矯誣乃迭見於衰世茲幷刪節列之志餘以符紀實之義若夫民以豐年爲瑞物非爲災不書古史之良斯有取爾

周

乙卯 武王十有三年封少皞之後茲輿期於莒

春秋（但錄經傳本文。其世次事蹟詳封爵表及莒世家）

庚申　平王三十年。（魯隱公二年）夏五月莒人入向。

冬十月紀子帛莒子盟于密。

壬戌　桓王元年。（隱公四年）春王二月莒人伐杞取牟婁。

丙寅　桓王五年。（隱公八年）九月辛卯公及莒子盟于浮來。（嘉慶志云。莒事似當以莒為主。故舊志於公字上加魯字。又間有攙入傳文。但與經不便區。故今悉從春秋本文。其采入傳語。並皆註出。今從之。）

辛巳　桓王二十年。（桓公十二年）夏六月壬寅公會杞侯莒子盟於曲池。

乙未　莊王十一年。（莊公八年）齊鮑叔牙奉公子小白出奔莒。（左傳）

丙申　莊王十二年。（莊公九年）夏。公伐齊納子糾桓公自莒先入。

丁酉　莊王十三年。（莊公十年）冬十月齊師滅譚。譚子奔莒。

丙午 惠王二年。莊公十九年 夫人姜氏如莒。

丁未 惠王三年。莊公二十年 春王二月。夫人姜氏如莒。

甲寅 惠王十年。莊公二十七年 冬莒慶來逆叔姬。

辛酉 惠王十七年。閔公二年 公子慶父奔莒。

壬戌 惠王十八年。僖公元年 冬十月壬午。公子友帥師敗莒師於酈。獲莒拏。

丙戌 襄王十七年。僖公二十五年 冬十有二月。公會衛子莒慶盟于洮。

丁亥 襄王十八年。僖公二十六年 春王正月乙未。公會莒子衛甯速盟于向。

己丑 襄王二十年。僖公二十八年 五月癸丑。公會晉侯齊侯宋公蔡侯鄭伯衛子莒子盟於踐土。冬公會晉侯齊侯宋公蔡侯鄭伯陳子莒子邾子秦人于溫。諸侯遂圍許。

辛丑 襄王三十二年。文公七年 冬伐莒。公孫敖如莒莅盟

壬寅 襄王三十三年。文公八年 公孫敖如京師。不至而復。丙戌奔莒。

丁未 頃王五年。文公十二年 季孫行父帥師城諸及鄆。

壬子 匡王四年。文公十八年 莒弒其君庶其。

丙辰 定王二年。宣公四年 春王正月。公及齊侯平莒及郯。莒人不肯。公伐莒取向。

癸亥 定王九年。宣公十一年 公孫歸父會齊人伐莒。

乙丑 定王十一年。宣公十三年 春齊師伐莒。

丁丑 簡王二年。成公七年 秋楚公子嬰齊帥師伐鄭。公會晉侯齊侯宋公

衛侯曹伯莒子邾子杞伯救鄭。八月戊辰同盟於馬陵。莒服故也

戊寅 簡王三年。成公八年 公孫嬰齊如莒。

己卯 簡王四年。成公九年 公會晉侯齊侯宋公衛侯鄭伯曹伯莒子杞伯同盟于蒲。

楚公子嬰齊帥師伐莒。庚申莒潰。楚人入鄆。

甲申 簡王九年。成公十四年 春王正月莒子朱卒。

丁亥 簡王十二年。成公十七年 齊高無咎出奔莒。

乙丑 簡王十四年。襄公元年 仲孫蔑會晉欒黶宋華元衛甯殖曹人莒人邾人滕人薛人圍宋彭城。

辛卯 靈王二年。襄公三年 六月公會單子晉侯宋公衛侯鄭伯莒子邾子

齊世子光。己未。同盟於雞澤。

壬辰 靈王三年。襄公四年 冬十月。邾人莒人伐鄫。臧紇救鄫。侵邾。敗于狐駘。

癸巳 靈王四年。襄公五年 公會晉侯宋公陳侯衛侯鄭伯曹伯莒子邾子薛伯齊世子光吳人鄫人于戚。莒人伐鄫。傳

甲午 靈王五年。襄公六年 莒人滅鄫。

乙未 靈王六年。襄公七年 冬。公會晉侯宋公陳侯衛侯曹伯莒子邾子于鄬。

丙申 靈王七年。襄公八年 莒人伐我東鄙。

丁酉 靈王八年。襄公九年 冬。公會晉侯宋公衛侯曹伯莒子邾子滕子薛

伯杞伯小邾子齊世子光會吳于柤．秋莒人伐我東鄙．

乙亥 靈王十年．襄公十一年 夏公會晉侯宋公衛侯曹伯莒子邾子齊世子光滕子薛伯杞伯小邾子伐鄭．秋公會晉侯宋公衛侯曹伯齊世子光莒子邾子滕子薛伯杞伯小邾子伐鄭會于蕭魚．

庚子 靈王十一年．襄公十二年 春王三月莒人伐我東鄙圍台季孫宿帥師救台遂入鄆．

壬寅 靈王十三年．襄公十四年 春王正月季孫宿叔老會晉士匄齊人宋人衛人鄭公孫蠆曹人莒人邾人滕人薛人杞人小邾人會吳于向．

夏四月叔孫豹會晉荀偃齊人宋人衞北宮括鄭公孫蠆曹人滕人薛人杞人小邾人伐秦。

莒人侵我東鄙。

冬季孫宿會晉士匄宋華閱衞孫林父鄭公孫蠆莒人邾人于戚。

甲辰 靈王十五年。襄公十六年 公會晉侯宋公衞侯鄭伯曹伯莒子邾子滕子薛伯杞伯小邾子盟於澶淵。

庚戌 靈王二十一年。襄公二十二年 冬公會晉侯齊侯宋公衞侯鄭伯曹伯莒子邾子薛伯杞伯小邾子于沙隨。

辛亥 靈王二十二年。襄公二十三年 齊侯襲莒。

壬子 靈王二十三年。襄公二十四年 齊崔杼帥師伐莒。

公會晉侯宋公衛侯鄭伯曹伯莒子邾子滕子薛伯杞伯小邾子于夷儀。

丁巳 景王元年。襄公二十九年 仲孫羯會晉荀盈齊高止宋華定衛世叔儀鄭公孫段曹人莒人滕人薛人小邾人城杞。

戊午 景王二年。襄公三十年 晉人齊人宋人衛人鄭人莒人邾人滕人薛人杞人小邾人會於澶淵。宋災故。

己未 景王三年。襄公三十一年 十有一月莒人弒其君密州。

齊工僂灑渻孔虺賈寅出奔莒。傳

庚申 景王四年。昭公元年 三月取鄆。 叔弓帥師疆鄆田。傳

癸亥　景王七年。昭公四年　九月取鄫。

甲子　景王八年。昭公五年　莒牟夷以牟婁及防茲來奔。　戊辰叔弓帥師敗莒師于蚡泉。

壬寅　景王十年。昭公七年　晉以莒之方鼎賜子產。傳

乙巳　景王十三年。昭公十年　秋七月季孫意如叔弓仲孫貜帥師伐莒。取郠。

壬申　景王十六年。昭公十三年　秋。公會劉子晉侯齊侯宋公衞侯鄭伯曹伯莒子邾子滕子薛伯杞伯小邾子于平邱。

癸酉　景王十七年。昭公十四年　八月莒子去疾卒。　冬莒殺其公子意恢。

戊寅　景王二十二年。昭公十九年　秋。齊高發帥師伐莒。

辛巳 景王二十五年。（昭公二十三年）春齊侯伐莒。

壬午 敬王元年。（昭公二十三年）秋七月莒子庚輿來奔。

乙酉 敬王四年。（昭公二十六年）秋。公會齊侯莒子邾子杞伯盟于鄟陵。

辛卯 敬王十年。（昭公三十二年）冬。仲孫何忌會晉韓不信齊高張宋仲幾衛世叔申鄭國參莒人曹人薛人杞人小邾人城成周。

乙未 敬王十四年。（定公四年）三月。公會劉子晉侯宋公蔡侯衛侯陳子鄭伯許男曹伯莒子邾子頓子胡子滕子薛伯杞伯小邾子齊國夏于召陵侵楚。

乙巳 敬王二十四年。（定公十四年）城莒父及霄。（嘉慶志。按莒父魯邑。不在莒境。說詳古蹟篇文。）

庚申 敬王三十九年。（哀公十四年）莒子狂卒。（春秋終於是年。）

戰國

庚戌　考王十年。楚滅莒。（莒自茲輿期受封。二十三傳而滅。）

丙子　威烈王二十四年。齊宣王伐魯及安陽。楚人遷魯於莒而取其地。

丁丑　赧王三十一年。燕上將軍樂毅伐齊。入臨淄。齊湣王奔莒。其相淖齒弒之。（通鑑）

戊寅　赧王三十二年。齊人討殺淖齒。而立其君之子法章。保莒城。（通鑑）

壬午　赧王三十六年。齊田單襲破燕軍。迎齊王於莒。（通鑑）

重修莒志卷一終

記

大事記中

秦

庚辰 秦始皇帝二十六年。分天下爲三十六郡。以齊之東境。置瑯琊郡。莒子之國。秦始皇縣之。漢書地理志

西漢

丙申 高帝二年。項羽北至城陽。擊田榮。榮走死。榮弟橫收齊亡卒。反城陽以距羽。韓信擊齊王廣。廣亡去。信追至城陽。擄廣。田橫自立爲王。灌嬰擊走之。詳見兵事

庚子 六年冬十二月以膠西膠東臨淄濟北博陽城陽郡七十三縣立外婦子劉肥爲齊王（府志）

辛丑 七年正月戊申封丁復爲陽都侯（前漢功臣表）

戊申 惠帝二年冬十月齊王肥來朝獻城陽郡爲魯元公主湯沐邑（通鑑）

壬戌 文帝元年初置城陽國（嘉慶志）

癸亥 二年三月乙卯立悼惠王子朱虛侯劉章爲城陽王都莒（嘉慶志）

乙丑 四年城陽王薨子喜立（嘉慶志）

壬申 十一年城陽王喜徙淮南城陽郡屬齊（府志）

丙子 十五年復置城陽國（嘉慶志）

丁丑　十六年。淮南王喜復徙城陽。（府志）

丁亥　景帝三年。拜謁者僕射鄧公爲城陽都尉。（鄧公名先。成固人。）

吳王濞反。北略城邑。破城陽。（詳見兵事）

丁酉　中六年。城陽王喜薨。頃王延嗣。（嘉慶志。文帝後元年。城陽王喜薨。子延立。按漢書王子侯表。喜在位三十三年薨。孝景後六年。頃王延嗣。查通鑑。自文帝四年。至後元年。纔十四年。志固有誤。而漢表中景帝後六年亦誤。景帝有後三年。無後六年。喜封於文帝四年。至景帝中六年。適合三十三年之數。則後字當是中字之訛。殿本漢書校勘記。謂當作景帝後元年。亦非是。再質。）

甲寅　武帝元朔六年春正月。梁王城陽王請以邑分其弟。詔許之。（漢書）（武帝紀）

甲子　元狩六年。城陽王延來朝。薨。敬王義嗣。（王子侯表）

己巳　元鼎五年秋九月。嘗酎列侯百有六人皆奪爵。城陽十七人與爲。

壬申 元封二年。城陽王義薨。惠王武嗣。王子侯表

甲申 天漢四年。城陽王武薨。荒王順嗣。王子侯表

戊午 宣帝元康三年。封張賀子彭祖爲陽都侯。追賜賀謚曰陽都哀侯。通鑑

庚午 甘露三年。城陽王順薨。戴王恢嗣。王子侯表

戊寅 元帝永光元年。城陽王恢薨。孝王景嗣。王子侯表

壬寅 成帝鴻嘉二年。城陽王景薨。哀王雲嗣。王子侯表

丁丑 新莽天鳳五年。樊崇起兵於莒。轉入泰山。還攻莒不下。轉掠至姑幕。詳見兵事

壬午　地皇三年夏四月。樊崇引兵十餘萬圍莒。尋解去。詳見兵事

東漢

丙戌　光武帝建武二年。封劉祉為城陽王。漢書劉祉傳

丁巳　三年。封大司徒伏湛為陽都侯。漢書侯表

己丑　五年。耿弇引兵至城陽。降五校。詳見兵事

乙未　十一年。城陽王劉祉薨。謚曰恭王。竟不之國。葬於洛陽北邙。漢書本傳

丁酉　十三年。省城陽國屬琅邪。嘉慶志　封城陽共王子堅為高鄉侯。府志

己亥　十五年。封子京為琅邪公。通鑑

辛丑　十七年，進封子京爲琅邪王。漢書

己未　明帝永平二年，以泰山之蓋、南武陽、華，東萊之昌陽、盧鄉、東牟六縣益琅邪。康熙志

壬戌　五年，琅邪王京就國，都於莒。後以宮中多不利，京上書願以南武陽等五縣易東海之開陽、臨沂爲都，肅宗許之，遂都開陽。嘉慶志。

癸亥　六年，帝行幸魯，祠東海恭王陵，會琅琊王京。十二月壬午，車駕還宮，東平王蒼、琅邪王京隨駕來朝皇太后。康熙志

戊辰　十一年春正月，琅邪王京來朝。康熙志

壬申　十五年，徵琅邪王京會良成。康熙志

庚子　桓帝延熹三年，琅邪賊勞丙、泰山賊叔孫無忌攻陷琅邪屬縣。

屯於莒討寇中郎將宗資討平之。雍正志

丙子　獻帝建安元年。蕭建爲琅邪相治莒。與呂布通。臧霸襲破之。布自將兵向莒擊霸不克。詳見兵事

己卯　四年。曹操獲呂布。擒臧霸等。操厚納待。遂割靑徐二州附於海以委焉。分琅邪東海北海爲城陽利城陽盧郡。魏武帝紀

按許志祇載東海蕭建爲琅邪相治莒十字。而繫之建安元年。考後漢紀。呂布襲徐州。在建安元年。曹操獲呂布。在建安四年。則蕭建治莒。自在建安前。遂書元年。未知何本。蔣稿

晉

乙酉　武帝泰始元年分琅邪立東莞郡。宋書州郡志　封叔父伷爲東莞王。

通鑑

丁酉　咸寧三年，徙東莞王伷爲琅邪王，遣就國。府志

辛丑　太康二年五月，景戌城陽章武琅邪雨雹傷稼。晉書五行志　蔣稿

己酉　十年，復立東莞郡，割莒縣屬東莞。宋書州郡志

乙卯　惠帝元康五年，城陽東莞大水殺人。晉書五行志　蔣稿

東晉

戊寅　元帝大興元年六月，乙未東莞蝗蟲縱廣三百里害苗稼。晉書五行志　蔣稿

己卯　二年，泰山守徐龕以郡叛，攻破東莞。詳見兵事

庚辰　三年，徐龕以東莞降石勒。晉書

甲申　明帝太寧二年春正月，後趙將兵都尉石瞻取東莞。府志

乙酉　三年，莒縣大水。府志

己亥 安帝隆安三年。南燕長樂元年 南燕慕容德進據琅邪。徐兗之民歸附者十餘萬。德自琅邪引兵而北。以南海王法爲兗州刺史。鎭梁父。進攻莒城。守將任安委城走。德以潘聰爲刺史。鎭莒城。通鑑嘉

慶志有脫字衍文。依蔣稿校補。辟閭復姓渾幽州刺史聞德軍將至。徙八千餘人入廣固。諸郡皆承檄降於德。渾懼。將妻子奔於魏。德遣射聲校尉劉綱追斬於莒城。通鑑蔣稿

乙巳 義熙元年。南燕建平六年 南燕王德卒。德僭號更名備德 兄子超嗣位。改元太上 出其大臣北地王鍾爲靑州牧。段洪爲徐州刺史。晉書載記蔣稿

按通鑑胡注。南燕以幷州牧鎭陰平。幽州刺史鎭發干。徐州刺史鎭莒城。兗州刺史鎭東萊。蔣稿

丙午 二年。南燕太上元年 慕容法法爲都督徐兗揚南兗四州與鍾宏叛超。超遣慕容凝韓範

攻梁父。昱等攻莒城。拔之。徐州刺史段宏奔於魏。（晉書載紀。府志與義熙元年合爲一事。蔣稿從晉書分列。）

己酉　五年。劉裕伐南燕。帥舟師自淮入泗。五月。至下邳。留輜重。步進至琅邪。超聞有晉師。乃攝莒、梁父二戍。修城隍。簡士馬以待之。裕度大峴。敗超兵於臨淄。遂圍廣固。擒超。送建康。斬之。（節錄通鑑）

南北朝

宋

辛丑　武帝大明五年。改莒令爲長。（宋書州郡志）

丁未　明帝泰始三年。（魏顯祖獻文帝弘皇興元年）十一月。（乙卯）分徐州爲東徐州。以輔國將軍張讜爲刺史。（通鑑）魏以高閭領東徐州刺史。對鎭團城。（魏書）

高閭傳

魏顯祖置東徐州治團城。魏書州郡志 魏東徐州刺史成固公戍團城。通鑑

按圑城即團城。又據此當在張讜爲刺史後。張讜之前。團城尚不屬魏也。而通鑑敍成固公於泰始三年。張讜於四年。疑誤。舊稿 查沿革表。團城即今沂水縣治。舊稿列入。姑存以備考。

北魏

庚申 文帝太和四年。東徐州蝗害稼。魏書靈徵志

壬戌 六年八月。東徐州大水。魏書靈徵志

丁丑 二十一年十一月。齊將軍王曇紛以萬餘人攻魏南青州黃郭戍。戍主崔僧淵破之。舉軍皆歿。通鑑

按黃郛戍即黃郛城。武帝七年，置爲魏境者，時尚未置郡，故以戍名也。又案魏改東徐州爲南青州，在太和二十二年，此先一年而稱南青州，或史家追書乎。按黃郛在今贛榆縣北，地近莒縣境，亦從蔣稿列入。

戊寅　二十二年，改東徐州爲南青州，領郡三：東安、東莞（初治東莞，後徙莒。）、義塘。魏書州郡志

己卯　二十三年，南青州大水。魏書州郡志

庚辰　宣帝景明元年五月，南青州虸蛹害稼。同上　七月，南青州大水。同上

丙戌　正始三年，梁冀州刺史恒和擊南青州，不克。通鑑

案通鑑胡注：魏顯祖取三齊，置東徐州於團城，領東安、東莞郡。高祖改爲南青州，與地形志同。蔣稿

辛卯　永平四年，琅邪民王萬壽殺東莞、琅邪二郡太守劉晰，據朐山。

魏徐州刺史盧昶遣郯城戍副張天惠、琅邪戍主傅文驥赴朐

山詔振遠將軍馬仙琕擊破之。府志

丙申 明帝熙平元年六月南青州虸蚄害稼。魏書州郡志

甲辰 正光五年十一月。丙辰 梁將軍彭寶孫拔魏東莞。府志

丁未 孝昌三年正月。梁將軍彭羣王辯圍琅邪。自夏及秋。青州刺史彭城王邵遣司馬鹿悆。南青州刺史胡平遣長使劉仁之將兵擊羣破之。羣戰歿。通鑑

東魏

庚申 孝靜帝興和二年。崔僧淵出爲廣陵王羽參軍。加顯武將軍。討海賊於黃郭。大破之。魏書崔玄伯傳

侯淵反。夜襲青州南郭。攻掠郡縣。其部下督帥叛拒之。淵率騎

奔梁途中亡散行達南靑州南境爲賣漿者所獲傳首京師。魏書侯淵傳。以上書從府稿列入。

隋

丙午　文帝開皇六年莒縣大水。府志

辛亥　十一年春二月以劉況爲莒州刺史。平鄉令劉況有異政以義理曉諭訟者皆引咎而去獄中草滿庭可張羅高熲薦之故有是命。通鑑

己巳　煬帝大業五年莒大饑。府志

壬申　八年莒大旱。同上

唐

甲午 太宗貞觀八年，莒縣大水。府志

戊辰 高宗總章元年，莒縣旱饑。同上

己卯 玄宗開元二十七年秋八月，詔封孔子弟子公冶長爲莒伯。嘉慶志

己丑 德宗貞元元年夏，莒縣旱蝗。府志

宋

丙午 眞宗景德三年，密州莒縣蝗。府志

戊子 仁宗慶曆八年，莒縣大水。同上

金

按淮北已爲金有，南宋尚屬正統，仍照通鑑正書宋年號，以金年號分注之，仿記中春秋例也。逃運

辛未 寧宗嘉定四年，金大安三年。益都人楊安兒起，掠莒密。安兒死，其妹四娘子統其衆，復掠食至莒之磨旗山。即馬鬐山。詳見兵事。

戊寅 十一年。金興定二年 春正月李全襲破莒州。夏五月金黃摑阿魯

答襲破李全於莒州。詳見兵事

庚辰 十三年。金興定四年 金封山東安撫副使燕寧本莒州提控 爲東莒公以益

都府路隸之。通鑑

癸巳 理宗紹定六年。金天興二年元太宗五年 莒州萬戶重喜築十字路城。嘉慶志府志書列入

元。今從通鑑。仍列宋令年號

丙子 帝㬎德祐二年。元至元十三年 春二月。癸巳 敕沂州郯城十字路兵從博

羅罕征淮南。臨沂縣志

元

丙子 世祖至元十三年夏四月。癸卯 復沂莒等州所括民爲防城軍者

爲民免其租徭。臨沂縣志

甲寅 仁宗延祐元年春三月莒縣大水。府志

己巳 明宗元年。天曆二年 莒州蝗。府志 按明宗即位而未改元。續綱目則而未書。今變例特書元年。而附注天曆二年於下。續通鑑注 按嘉慶志書文宗天曆元年蝗。二年饑。與府志不合。茲附錄於後。以備參考。遠還

乙亥 順帝至元元年旱饑。嘉慶志

己卯 五年莒州饑。府志

甲申 至正四年秋八月莒州地震。同上

丁酉 十七年劉福通將毛貴攻陷州城。嘉慶志 三月毛貴陷益都路四月陷莒州。元史察罕傳

戊戌 十八年大旱人相食。嘉慶志

己亥　十九年大饑疫。同上

壬寅　二十二年擴廓帖木兒通鑑輯覽改爲擴廓特穆爾。領兵拔益都城。卽遣關保以兵取莒州。察罕傳。詳見兵事。

丁未　二十七年。明大將軍徐達率師抵沂州。攻王宣。莒州周鏞迎降。詳見兵事。

明

戊申　太祖洪武元年。靑州亂民孫古樸等襲莒州。嘉慶志又載府志錄入兵事中。按嘉慶志以莒州賊董彥杲系此事之下。與史不合。董彥杲等。乃唐賽兒之黨羽。詳永樂十八年兵事。又安遠侯柳升。作劉升。亦誤。

壬戌　十五年始建學。頒臥碑於學宮。府志

庚子　成祖永樂十八年。蒲台妖婦唐賽兒作亂。莒州賊董彥杲聚衆

從之北圍安邱都指揮衛青擊滅之詳見兵事

癸丑 宣宗宣德八年夏莒州旱饑府志

己亥 憲宗成化十五年莒大稔麥一莖兩穗穀一莖六七穗雍正志

壬子 孝宗弘治五年雨雹傷稼嘉慶志

辛未 武宗正德七年霸州賊劉六等攻莒州詳見兵事

癸未 世宗嘉靖二年地震嘉慶志大水雍正志

甲午 十三年青州兵備道康天爵築寨於日照之巨峯以防鹽徒分青衛官軍莒州日照士兵守之日照縣志

戊戌 十七年季還宗等攻莒城

己亥 十八年大旱饑嘉慶志人食樹葉死者枕藉雍正志

自後比歲災荒，州民饑饉逃散，逋賦遂多。軍稿

癸丑　三十二年，饑，冬大水，朝廷命行人從權設法賑濟。雍正志

乙卯　三十四年，坪上民陳乾妻一產三男。同上

己未　三十八年，夏旱，蝗蔽日，入屋齧人衣服，冬疫。同上

庚申　三十九年，潘鎏來任知州，淫刑比逋，民不堪命。軍稿

癸亥　四十二年，春大疫，死者什七。同上

乙丑　四十四年，春大風害麥，夏大蝗。

丙寅　四十五年，始罷馬頭役，徵糧解驛。戶不親役，乃均戥里，里之累益甚於往時。軍稿

己巳　穆宗隆慶三年，秋七月大水，漂民廬舍，傷禾稼，沿河盡淹沒。同上

甲戌　神宗萬曆二年，劉子汾任知州，胥役用事，民益困於酷刑。橫戶受比

日漸因循。舊各種刑具。有種類移指等刑。單稿

丁丑 五年。審編州戶丁登籍者僅三千名。地畝稱是。編審委員常廷貴請以現下辦課熟地納糧。而徐議招徠之法。大府從之。單稿

戊寅 六年。知州侯安國來任。縱遣所禁戶革歇家。停止追征。始行均丈。自後民困漸蘇。畝數既清。照戶給由票。令自完納。前里老之弊盡除。役法爲之一清。單稿

癸未 十一年。蝗。嘉慶志

壬辰 二十年。地震。雹傷麥。雍正志

癸巳 二十一年。春大水。秋潦。同上

甲午 二十二年。大饑。死者枕藉。盗起。海右道陳璧立誅數人。始寧。同上

丁酉 二十五年。礦事起。上遣內官監陳增督山東礦務。於是棲霞、金洞。臨朐、破邱。莒州

胡石溝銀洞。官給夫役棚廠開採。增所至隨指長吏。至莒州。知州谷文魁恐其遷怒騷擾地方。供張頗豐。增約束急隨。得不甚橫。但索阿堵而已。後增再至莒查礦利無稱。銀之解監者不知數。谷知州請以正額加銀包採。省開採之費。申之當道。可之。於是以鄉民爲洞官。封口罷採。會益都知縣吳宗堯。與增抗。疏章彈增。其命不下。增章上。上怒逮宗堯下法司。令各監考察各地方官賢否。兼知查盤事。專舉劾。增遂遣原奏官願其禮者莒州。其禮稍與喝騶。迭施夾衝。行牌恐嚇。坐司院。閉城觀禽。騷赫殊甚。既增以開採久。乾沒貨山積。遂不復巡遊。駐箚徐州。假河漕之衙。其禮亦專制饑徽搖稅。以運買爲奇貨。一個舊不下千萬。覘北方蠟燭也。增初所攜廝役數十人。並充原奏官。徵黃諸州曰照莒非鄉等處。以本地無賴爲鄉導。先破知富室者名。所辟魁傑之邸。指爲金穀。分牌强督。不如指即提至寓。細習幾驚。聞之有司。俱短氣無敢誰何。蓋所有體之。始免其人。又波及無算。蓋莒之大亂者三年餘。而增其禮利在南方。不復顧及北方。於是所遣歸邁。爲被害者鳴之官。論如法徙遣。其禮以補鹽買。急疾暴死舟中。數年增亦以贓罪昭露。憲甚。仰藥死。廝役俱擬重辟。 莒志野逸記

八月不雨水沸 雍正志

丁未 三十五年雹傷麥 同上

戊申 三十六年春夏恆風百二十日不雨秋梨桃花 同上

庚戌 三十八年夏四月地震。同上

壬子 四十年大風雨。除夕雷雹雪。雍嘉二志參錫、遠運。

甲寅 四十二年蝗。秋大水饑。雍正志 府志嘉慶志、饑作荒、遠運

乙卯 四十三年夏不雨。蝗害稼。盜賊搶刼。冬大饑。民間賣子女以度荒。豪有力者、收買婦女往南省私販。饑又有惡少百千成羣倡刼。販者與饑者攻殺。死者無算。翌年南方大疫。客死未歸者十之七。參錢雍正志

丙辰 四十四年春。朝廷命御史過庭訓從權賑濟。庭訓上疏許有力家子弟納粟捕蝗補庠生。節錄雍正志

壬戌 熹宗天啓二年。鉅野妖賊徐鴻儒倡亂。莒城戒嚴。寇至。知州葛遇朝禦却之。兵事

甲戌 莊烈帝崇禎七年秋大水。漂沒人畜。九月大雪。雍正志

庚辰 十三年，蝗。秋七月，霜，大饑，麥一斗銀四錢有奇。同上

辛巳 十四年春，大饑，斗粟千餘錢，蝗害稼。同上

壬午 十五年，清兵至，城陷，知州景淑範及官紳殉難者數十人。府志。三月初一日，入莒州牧馬，人皆休臥，（中略）莒州地境，四面皆山，森蓁茸茂，宜牧馬云。節錄談往

布貴，每尺百錢有奇。雍正志

癸未 十六年春正月初三日，清兵又至。詳見兵事

甲申 十七年，邑人曹武生爲亂，安東衞御史蘇經勦平之。詳見兵事

是年改革，營頭亂起。雍正志。事實未詳

清

丁亥 世祖順治四年夏，旱。秋，牛疫，死者十九。知州李炳作文禳之。雍正志

戊子 五年夏大雨兩月。禾稼盡傷。同上

己亥 十六年。大水饑。嘉慶志

乙巳 聖祖康熙四年。大旱民饑。詔督撫兩院發銀一千一百二十四兩。粥米一百三十四石。除臨德二倉外。錢糧全免。雍正志

戊申 七年夏六月地大震。城郭廬舍俱壞。壓死人丁在册三千五百九十餘丁。男女老幼死者共二萬餘人。詔發賑銀九千九百一十五兩。大糧赦免六分。同上

庚戌 九年。地震後招撫逃亡。賑濟復業饑民穀一千四百八十石。

冬大雪平地三尺。人物樹株多凍死。同上

辛亥 十年秋八月霜殺稼。同上

壬子　十一年自七年地大震後初時一日動數次後或一日一動或一月一動歷四年猶屢動不止（同上）

乙卯　十四年夏四月十二日霜殺麥（同上）

丁巳　十六年裁州判永豐倉大使（府志職官下）

戊午　十七年秋潦（雍正志）

己未　十八年春饑百姓賣兒女掘草根剝樹皮而食奉旨賑濟

乙丑　二十四年春正月初七夜雷雨大作二月二十二日大水河有海魚秋潦桃李花

庚午　二十九年大赦錢糧夏牛瘟疫十死八九十餘年不止（節錄雍正志）

壬申　三十一年步蝻害稼　知州袁還樸督民撲滅徧野腥臭

丁丑　三十六年夏六月十五日飛蝗蔽日傷禾二十一日徧地訛言人心洶洶負子而逃一夜乃止　八月二十一日大霜

戊寅　三十七年春饑奉旨委常晉兩欽使賑濟錢糧三年帶徵

庚辰　三十九年秋霪雨停徵

甲申　四十三年春大饑老弱流離餓殍塞路賣妻鬻子往江南興販不絕孤窩村莊俱廢奉旨蠲免錢糧　自五月初十日始有微雨至六月初八日大雨播種黍穀豆苗生蟲青色約長一寸食盡豆葉六月二十七日午後大霧自北來徧野琉黃氣其蟲盡死

乙酉　四十四年歲稍稔奉旨蠲免錢糧許民間原價贖還人口田宅

丙戌　四十五年。豆青枯。無一飽粒。通莒皆然。

辛卯　五十年夏五月二十日井邱集東北解家莊風震。房屋俱毀。木石牲畜飛空旋舞。東北由莒境出諸城界。有鄭西山者。其妻歸寧。坐車駕馬。領一僕一嫗。俱被風吹去二百餘里。抵海岸而止。

己亥　五十八年。夏秋旱。

庚子　五十九年。旱饑。

辛丑　六十年。旱饑。

壬寅　六十一年。正月二月多暴風。饑。南鄉蝗。以上俱雍正志

癸卯　世宗雍正元年。大旱饑。夏四月初五日屋樓山左側雨雹如

雞卵損禾初八日大風終日塵土迷人十七日朱陳店左側又
雨雹暴風如前至五月始微雨秋南鄉蝗（雍正志）自五十九年至
此凡四年沭河水涸井多乾（嘉慶志）
（甲辰）二年北鄉步蝻盛　夏六月二十九日自絡山東南至九里泊
透迤百餘里大風雨雹大者如升小者如盌竟有其形如牛者
房屋樹木俱傷被災處大饑（節錄雍正志）
（乙巳）三年春正月二十三日大雨雨後大旱三月初七日南鄉雨雹
沭河乾（同上）
（丁未）五年春三月十五日朱陳店左側雨雹自州東康家村北至春
生東西闊十餘里雨雹如酒杯二麥俱無（同上）

己酉七年夏四月十九日自十里堡至滿堂泊大雨雹損麥同上五月初七日自于里溝東至蓮池寺雹傷麥樹木盡折同上冬十二月吏部等衙門議准河東總督田文鏡請將青州府屬之莒州爲直隸州轄日照沂水二縣從之東華錄蔣稿補

庚戌八年二月丙寅增設山東莒州石埠集巡檢東華錄蔣稿補

二月二十八日大雪傷麥五月初旬陰雨連緜四十餘日六月十九日大雨如注七晝夜無一二時止息二十四日洪水橫流東至屋樓西至浮來接連四十餘里平地深淵二十五日衝毀城垣城門北關止存房屋七間淹死五六千人原任訓導張表水浸樓傾男婦漂沒死者三十八口東關三皇廟前西關關帝

廟俱潰成深淵鄉區莊村墳墓骸骨隨波而起沙壓良田滄桑盡變人畜順流而去者又不可勝言（此時補鹽劉·千總郭·奮力救濟·功不可沒·）九月奉旨每塌草房一間者委登萊道給銀三錢（參雍正志）

辛亥　九年春大饑麥一斗價一千七百豆一斗一千五百穀一斗一千三百民間賣田宅鬻子女所在皆然奉旨蠲免錢糧分數（雍正志）

秋七月吏部議准山東巡撫岳濬奏沂莒自改爲直隸州沂屬兗寧道駐濟寧去沂五百餘里莒屬登萊青道駐萊州去莒六百餘里均覺鞭長莫及另設兗沂道從之（東華錄 蔣稿補）

壬子　十年春粟貴自正月至六月北鄉大旱秋蟲食豆粒破碎甚多（雍正志）

癸丑　十一年春三月十四夜雪。六月二十日東南大風。四晝夜始止。秋七月初二日北風。二晝夜。損禾。秋豆災與十年同。奉旨錢糧蠲免分數。同上

甲寅　十二年。吏部議准河東總督王士俊奏。直隸沂州請升為沂州府。以直隸莒州與所屬沂水蒙陰日照三縣。俱歸沂州府轄。從之。按河東總督。兼轄河南山東。東華錄。蔣稿增補

丙辰　高宗乾隆元年大赦。嘉慶志

丙寅　十一年夏四月大雨雹。

丁卯　十二年大水。

戊辰　十三年大水饑。

壬申 十七年旱蝗

戊寅 二十三年大有年

丙戌 三十一年夏五月雨雹小者如杯大者如斗是歲麥仍有秋（遂還補）

戊子 三十三年夏雨雹地生毛自五月至七月不雨民間訛傳有翦人辮髮者其人輒昏迷不醒各處查拏卒不得其蹤跡

己丑 三十四年夏五月雨雹

庚寅 三十五年普免天下錢糧

五月初一日門樓莊西雨雹一畝之中有巨雹十三大者高與人齊小者亦重百斤破之中包小雹無數（遂還補）

辛卯 三十六年五月大雨二十一日沭水暴漲村落田禾漂沒無算

驗城上水痕比雍正八年僅少三甎

甲辰 四十九年春初寒塗多凍死者是歲大熟

乙巳 五十年秋八月朔霜殺稼豆被蟲災

丙午 五十一年春大饑斗粟千錢人相食夏大疫死者不可勝計

己酉 五十四年濰陽劉翰閣家一産三男

庚戌 五十五年普免錢糧莒州於五十五年輪免

辛亥 五十六年歲大熟 節錄

壬子 五十七年夏五月自延賓至十字路雨雹大如鵝卵厚三尺傷禾

甲寅 五十九年普免天下漕糧

乙卯 六十年普免四十八年以前積欠銀糧。

丙辰 仁宗嘉慶元年大赦普免錢糧。以上錄嘉慶志。以下依舊稿及采訪各冊參輯。逃還

辛未 十六年秋八月初七日夜流泉等牌十五村冰雹損傷田禾計地三萬五千二百三十一畝。

辛巳 宣宗道光元年秋大疫人死十之五六。

癸巳 十三年夏五月初三日午後長安牌十餘村莊雨雹二尺餘大者如盌樹盡禿田禾無存屋瓦皆碎人畜傷損無算知州請借社倉。

甲午 十四年春三月二十九日相里等六牌七十餘村雨雹大徑寸深尺許麥禾如割民多逃亡知州覺羅克興額請緩征借倉

丙申 十六年夏四月二十八日孝感牌五村雨雹深尺許麥禾無存

辛丑 二十一年秋八月初四日柳溝牌十餘村雨雹豆苗蕎麥盡傷

壬寅 二十八年夏五月雷雨州南二十里雲裏村地裂寬二尺長三丈許

辛亥 文宗咸豐元年春大疫五月二十三日昇平七牌大風雹田禾盡沒六月二十八日溝頭牌虎頭崖等處夜間大雨河水泛溢冲決房舍壓死人畜無算歲饑

壬子 二年春大饑人有餓死者三月初七日夜地大震 秋七月十七日大風雨連日不止河水漲發各村房屋倒塌無算七月飛蝗蔽天田禾食盡並食屋草

癸丑 三年春仍大饑人餓死甚多。是年秋始有種山薯者。俗名地爪。訪稿

甲寅 四年春二月十六日南匪陳玉標寇朱陳店汀水良店等處殺數十人擄掠一空州城戒嚴。詳見兵事

州南小河莊李結桃實洙流村亦有之又有桃結秦椒數枚。

乙卯 五年春正月二十九日夜迅雷大風雪七月霪雨害稼民居被水廬舍多毀州報水災九月十五日雨雹。

丙辰 六年自夏五月至七月不雨蝗蝻害稼斗粟數千秋八月初五日飛蝗蔽天落深數寸所過地赤。

丁巳 七年閏五月飛蝗食禾惟綠豆芝蔴不食繼生步蝻村野皆滿後自城西渡水入城厚數寸許衙署民居皆徧

秋九月十三日南匪擾莒邊境。

庚申 十年秋蝻生徧野。秋九月二十三日捻匪寇汀水葛溝州城。戒嚴。南匪又自日照竄擾莒州安東衞千總郝元傑擊却之。詳見兵事

辛酉 十一年。捻匪自北南掠。二月二十九日入州境。三十日次州城。次日南下。火光亙百餘里。焚掠殺傷無算。

秋八月初二日。捻匪自東南入境。文武官弁嬰城固守。鄉兵各主山寨村圩自保。兩月之間。南北梭織往返九次。所至焚掠。村居廬舍蕩然無存。初三日破沙溝。又攻硯台山不克。初七日困玉皇廟寨。破之。詳見兵事

九月初八日賊自北而南僧格林沁追及於州東北九十里之將軍嶺斃賊數千初九日大霧迷漫又追及於城西南土山湖殲賊殆盡（管稿節錄參觀兵事）

冬十二月二十二日捻匪李成等突至馬鬐山圍困七晝夜圩破人死無算馬賊四掠北至屋樓山鄉間被禍尤烈州城戒嚴（詳見兵事）

壬戌 穆宗同治元年春正月二十六日賊棄馬鬐山由小湖一帶西撲沂水縣

丁卯 六年夏五月髮逆賴汶光北竄由浮來西越穆陵關擾登萊

夏六月十一日有兵過境北赴登萊追賊十八日山東巡撫丁

葆楨統兵至境·

秋七月初五日賊自卽墨縣潰圍南竄·諸軍追討·南而復北·八月十一日由沂水境越浮來山而東·申刻至大湖·遇兵追至南土城·逼近城廂·城上西南角開大炮（卽火龍機·以車推之·俗名車炮·現在東門城樓）斃一賊目·賊竄而南·自此南北互竄·不計其數·多由諸城日照一帶沿海而行·州之北境未被其害·官軍之道於此者·則數月不絕·九月提督劉銘傳擊之於贛榆城下·降將潘貴升刺任柱·柱中槍死·十二月賊由日照南竄·殘敗僅千餘名·西循集鹿山渡六塘河·楊州淮軍卽選道吳毓蘭誘擒汝光·生擒之·賊平·（與兵事參觀）

壬申　十一年冬。牛大疫。十傷其七。解牛者見腸胃腐爛如蟲蝕然。先是秋田間有無數小蟀。結隊成閧。蹦躥草際。至是始悟蟀子生蟲。牛食之中其毒云。

乙亥　德宗光緒元年自秋七月初一日亢旱大熱。十六日大風四晝夜。禾豆枯損略盡。

丙子　二年四月不雨。大饑。戶口流離十居四五。

庚辰　六年冬無雪。

辛巳　七年夏雨雹如卵。柴家官莊雹填滿井。月餘始釋。秋七月大雨連日。城東北五十里之茶臼溝居民兩家八口結茅山腰。夜半石崩泉湧。漂沒無存。

乙酉　十一年。創辦賓興公費。計捐貲六千緡。發商生息。自乙酉科始。

丁亥 十三年。知州周秉禮重修城陽書院拓建考棚。

戊子 十四年夏五月初四日。未刻地震。申刻謠傳賊警。自南而北。頃刻四達。居民奔避。絡繹於道。修圩建堡。闔境紛擾。然實無賊。十餘日始息。秋七月十八日。州東北八十里柳家溝山裂。

己丑 十五年夏四月二十五日。雨雹大二寸許。麥禾一空。被災者七十三村。一萬二千七百九十戶。知州恩奎詳請賑銀五千兩。

辛卯 十七年春三月二十五日。隕霜殺麥。

壬辰 十八年春三月十六日。隕霜。二十二日又霜。舊稿終於是年。以下莒志遺選增補。

己亥 二十五年春大旱。自二十四年九月不雨。至於五月。秋七月蟲災。徧野晚禾一空。冬大饑。

庚子 二十六年，春饑，夏疫，死亡枕藉。知州周家齊請賑銀二千兩，籌設平糶局。丹徒縣人嚴作霖蒞莒施放義賑，全活甚多。

辛丑 二十七年夏，莒州初設郵政局。 秋，停武科。

壬寅 二十八年冬，知州李光華舉行保甲法。

癸卯 二十九年，設校士館於城陽書院。 裁城汎綠營官兵。

甲辰 三十年，城陽校士館改設高等小學校。

乙巳 三十一年，廢科舉。禮部議准優貢加額，各儒學生員考職，停歲科兩試。

丙午 三十二年，莒州初設巡警局。 設勸學所。

己酉 宣統元年，詔免光緒三十四年以前莒州民欠錢糧。 舉行孝廳方正科．設調查局．籌辦山東咨議局議員初選事宜．冬．十一月初十日地震．二十七日地又震．

庚戌　二年．裁復設訓導．以學正兼理．分城鄉爲三十四區．秋七月．城議事會董事會成立．

辛亥　三年．元旦大雨．河漲溢．石橋衝決．秋八月初一日．州議事會參事會成立．是月十六日．湖北武昌革命軍起義．冬十月．山東宣布獨立．莒縣戒嚴．

重修莒志卷二終

重修莒志卷三

記

大事記下

民國（改用陽歷紀年）

元年一月。（宣統三年十一月。時尚未宣布共和。）諸城獨立。省令駐莒巡防營管帶衛立餘率兵往攻下之。（詳兵防）知州熊遠猷辭職。二月。（舊歷十二月）省委周仁壽代理。電令募勇百名。保衛城池。是為莒縣設警備隊之始。（兵防）

三月。成立臨時省議會。由各縣同鄉會共推議員。莒推議員一人。（議員表）

恢復州上級議會州參事會・地方自治

裁州同學正城守營把總石埠鎮巡檢吏目設管獄員・職官表

地丁以錢易銀實征實解・自本年下忙始・詳田賦・

設乙種農業學校單級教員養成所・教育

成立商會・實業

廢壇廟祀典・

二年改莒州為莒縣知州為縣知事州署為縣公署・縣政

二月選舉第一屆衆議院議員莒選一人・議員表

三月成立正式省議會莒選議員二人・議員表

改勸學所為視學所・

始徵驗契稅。（財政）

裁十字路巡檢。（職官表）

糴常平倉穀。（倉儲）

分全縣爲三十六區。每區設鄉議事會。選正副議長。鄉董事會。

選鄉董鄉佐。始徵自治費。（地方自治）

成立同仁善會。（卹政）

設崇德女學校。（教育）

三年。奉令地丁免除耗羨。每賦銀一兩。徵銀二圓二角。以一圓八角爲國家稅。四角爲地方稅。（田賦）

頒行祀天典禮。祀孔典禮。（詳典禮）

鹽課改徵鹽稅。取銷額票。設鹽務局。鹽法

解散上下級自治會。以自治費充保衛團餉。作正開銷。

設淸鄉局。農會。菸酒公賣分棧。

四年。停止祀天典禮。頒行關岳合祀典禮。忠烈祠祭禮。詳典禮

初徵濮陽河工附捐。賦稅

改保衛團爲警備隊。詳民團沿革

十二月二十三日。改元洪憲。

五年三月二十三日。取銷洪憲。

遂陽馬海龍據諸城。襲莒。入北杏沂防營連長李崇山拒却之。

兵事

鹽稅淮東岸民運稅則每擔收銀圓四角·廢除小票·撤鹽務局·（鹽法）

視學所復改稱勸學所·

初收花生稅·（課稅表）

六年·濮陽河工附捐改爲地方稅·（賦稅）

省令增募警備隊足三百名·（民團沿革）

七年·選舉第二屆省議會議員·莒選舉二人·（議員表）

鹽稅每擔收銀圓八角·（鹽課）

始徵油稅·牲畜稅·屠宰稅·（課稅）

設地方財政管理處·

八年。知事周仁壽捐修沭河西岸隄防。（詳公款）

鹽稅每擔收銀圓一圓二角五分。（鹽法）

九年。順直水災。莒縣共捐賑銀二萬二千圓。褒獎男婦四十四人。

（詳卹款）

知事周仁壽捐款修沭河石橋。（卹款）

設勸業所。

十年。選舉第三屆省議會議員。莒選一人。（議員表）

十一年。山東督軍兼省長田中玉令春季國稅地方稅兩忙一次

併徵。加徵河工附稅。（賦稅）

成立崇儉行善會。（卹款）

警備隊增至六百名。續招馬隊三十名。遊擊隊一百六十名。

糶常平倉穀。詳倉儲

始徵地方稅地方款。詳附捐表

十二年。鹽法每擔收銀圓一圓。鹽法

始徵省教育附稅。賦稅 縣教育經費。附捐表

勸學所改爲教育局。

設地方自治籌備處。講演所。閱報所。通俗圖書館。

十三年。重修孔子廟。詳附捐表

創建初級中學。詳教育

十四年。山東督辦張宗昌令春季賦稅兩忙併徵。秋季加徵全年

軍事善後一次特捐。賦稅

知事田立勛徵收青鹽成本銀十萬八千餘圓積穀附捐銀七萬八千餘圓併存地方財政處。鹽法 倉儲

夏旱田禾歉收。

創修監獄。司法

勸業所改爲實業局。

十月奉軍師長邢士廉攻江蘇兵敗退次於莒。兵事

十一月煙台鎮守使兼山東陸軍第二旅旅長張懷斌避畢庶澄之偪率衆奔莒。兵事

十五年春季兩忙併徵加徵河工附捐軍事善後臨時特捐秋季

加徵討赤特捐。詳賦稅

夏旱饑

警備隊餉改發銀圓。附捐表

設電報局習藝所。

始徵警察費清鄉費客軍招待費。附捐表

十六年省公署發行公債票莒縣攤派二十萬圓。

春季兩忙併徵加徵河工捐軍鞋附捐建築營房附捐長途汽

車附捐續徵軍事善後臨時特捐秋季下忙預徵十七年上忙

又徵軍事特捐。詳賦稅

自十四年至十六年連年旱饑岱南賑務處發紅粱二百五十

包知事田立勛變銀一千一百三十七元五角分賑饑民

四月第四軍軍長方永昌以兵入莒圍繳山東陸軍第二旅王恩毓部槍械解散其兵

五月五省聯軍師長李寶章馬寶珩兩部敗軍過莒

六月山東保安總司令張宗昌以知事田立勛有通敵嫌疑遣旅長李冠儒襲莒立勛棄官走革命鐵血軍入莒據之

七月張宗昌遣俄兵一旅攻莒鐵血軍先期走

十二月直魯軍師長顧震兵敗奔莒 以上兵事

是年重修縣公署 附捐 修理養濟院普濟堂 設平糶局 卹政

收徵車徵夫費 附捐

十七年四月股匪武振山史義成以衆圍莒城方永昌棄臨沂北退振山等分衆遏其歸路永昌進擊殲之乘勝進兵莒城圍解方永昌北退軍次招賢鎮有人誤擊其後軍永昌返軍大搜瓦屋等二十二村焚殺甚慘（以上兵事）

濟南賑務公會主任周仁壽匯銀四千圓賑濟瓦屋等被刦村莊續發紅粱五百袋又代請直魯賑災會發銀一萬七千四百圓（施放七千四百圓餘存一萬圓交財政管理處存息詳公款表）

六月飛蝗蔽天行如風雨止如邱山彌月始息

七月七日雷雨雹三十里堡大風拔木二十四日大雨一晝夜二十五日甲子山崩潯河水溢淹數十村中婁址房獅子口大

店等村被害尤甚

世界紅卍字會濟南分會發賑糧一千袋（易銀四千三百九十餘圓）賑票八十册賑銀二千圓施放全縣被災區域

武振山史義成等復攻莒

蒙山劉桂堂率衆千餘人至莒自稱革命先遣軍

國民革命軍十七師師長李明揚率師追方永昌至莒旋奉令移駐臨沂　劉桂堂暫退武振山等留莒城

八月劉桂堂復至以其衆入莒城繳武振山等械旋奉國府令改桂堂部爲暫編第四師駐莒（以上兵事）

是年春季上忙地丁併徵下忙加徵煙種附捐秋季奉泰安戰

地政務委員會令取消軍事特捐·賦銀每兩徵洋四圓·賦稅

八月上丁日·停止孔廟祀典·以孔子聖誕辰爲紀念日·

成立縣黨部區黨部·組織農民協會商民協會婦女協會·廢約等會·黨務

縣知事改稱縣長·縣公署改稱縣政府·設第一第二兩科·裁書吏設錄事·裁差役設行政警察·縣政 附設軍事招待處

初設縣法院·

警察所改爲公安局· 警備隊改爲保安隊·縣政

地方財政管理處改爲地方財政管理委員會·職官表

十一月·實業局改爲建設局·

十八年新定田賦額以二圓二角爲正稅一圓八角爲附稅。財政

劉桂堂軍分駐夏莊大店鎮。駐臨沂第二集團軍長楊虎城潛師入莒。攻夏莊大店鎮破之。桂堂自莒城北走。虎城追及於管帥北杏又破之。兵事

撤消孔廟及忠義孝弟名宦鄉賢節孝各祠　停止關岳合祀。毀城鄉寺廟偶像。提廟產作學田。

始徵黨會補助費。行政司法警察費監獄看守所費建設預備財政等經費。附捐表

法院審判官李學蓮創修看守所。

北平賑災委員會辦事處主任周仁壽施放麵粉四千袋。

武振山自諸城潛行來莒假號招兵保安隊長朱長明偵捕振山併其黨十一人於八月二十四日槍決

保安隊改爲人民自衛團 併設保衛團

十月孫殿英軍南下過莒

地方財政管理委員會改爲財務局

始開城西門莒城向無西門

劃全縣爲十區自治

十二月區長第一期訓練

十九年撤消附稅名稱統徵正稅銀四圓帶徵軍事特捐詳賦稅

一月財務局改爲財政局

二月第十九師高桂滋自臨沂移駐莒城

三月山東主席陳調元遣師長范希績圍莒城中央軍又遣陳耀漢阮肇昌二師入莒合攻之

縣長張元羣設臨時政府於大店鎮

四月第五路總指揮馬鴻逵遣代表蒞莒諭降停戰

五月戰事重開陳耀漢遣旅長張鏡銘繞城四面築長塹圍之

六月高軍與中央軍復停戰

七月中央軍與高軍議不協戰端重開張旅於長圍外更築重壘爲久困之計

八月高軍團長王守義劉天魯自高密回兵救莒圍解高軍北

去。以上詳兵事

人民自衛團改爲民團大隊部。始設連莊會。

十二月。區長第二期訓練。

二十年。春季帶徵民生銀行股款。公款表始收商店營業稅。課稅

設長途電話事務所。

四月。區長第三期訓練。

六月十五日。十區區長就職。成立區公所。

劃十區爲三百三十二鄉鎮。選舉鄉鎮長。

九月。劉桂堂自魯南竄莒。省令八十一師師長展書堂追剿桂堂東走。破日照城。復返莒。大掠而西。兵事

二十一年。帶徵米麥。詳賦稅

莒縣縣法院改爲泰安地方法院莒縣分庭。司法

七月。訓練鄉鎮長。自治

八月。五旗會入段家山溝。殺人縱火。

始收印花稅。農工費。電話。水利。道路經費。附捐

設合作社度量衡檢定所雨量氣候測站員地方財政監察委員會。

二十二年。帶徵黃河決口附捐。國防道路特捐。附稅

修台濰汽車路。　架設省有電綫。成立長途電話局。建設

一月。財政局改爲第三科。建設局改爲第四科。教育局改爲第

五科併隸縣政府。縣政

四月。五旗會聚衆於十里舖韓家村一帶。駐莒八十一師旅長運其昌平之。

六月。西鄉青旗會攻圍盛家垜莊。運其昌率隊追勦。會衆西竄入沂水縣境。

七月。八十一師勦平沂水旗會。莒會會徒自行解散。以上詳兵事

二十三年春。季帶徵泰沂區長途電話費。

三月。設縣志局。重修莒志。

劉桂堂入山東。越津浦路而東。竄入莒縣第三路。軍會師勦平之。詳兵事

十一月取消十區區長．由鄉鎮長內選舉連莊分會長．組織聯合辦事處．自治

二十四年春季帶徵積穀附捐．連莊會卹金附捐．連莊會經費．豁免台濰路地丁銀六十兩零零七分八釐七毫．　秋季帶徵魯西水災賑捐．財政

重修城垣及東南二門樓．東城角樓．庚午圍城之役．被礮轟毀．

八月黃河水災救濟委員會莒縣分會成立．設十一收容所．收容鉅野嘉祥濟寧等縣被水災民男女四千六百名口．

停止縣黨部．

九月二十六日裁撤民團．軍政

十月一日取消農會　設第三區農場

成立連莊會會員抽調訓練處縣政

重修莒志卷三終

【宣統】蒙陰縣志

（清）沈數清修　（清）陳尚仁纂

民國間抄本

蒙陰縣志卷之八

祲稽志　禎祥　災異　兵燹　外記

三代既邈亂多治少遇災則懼維豐爲寶揆諸遐哉干戈日討異事異聞稗說可紀筆之簡端談者是攷志祲稽

禎祥

明

成化年苗家驢產麟任俊家產靈芝一枝

萬曆十一年甘泉出在黃山公家臣墓側

國朝

順治二年夏四月甘露降凝結如飴糖食之甚甘

順治十年秋大有

順治十七年秋八月清源社民張氏家產靈芝一枝

康熙十年秋大稔

康熙二十三年冬十一月

聖駕東巡由蒙陰縣經過

駐蹕東關外太學生秦誥家

皇上沿途圍獵問民疾苦萬姓得覲

天顏人情喜悅凡所經臨州縣

特旨蠲免二十四年丁徭蒙人沾

聖澤

災異

元

至正四年秋八月地震

至正十八年秋八月大饑斗粟金一斤

明

嘉靖三十一年秋七月大水犀龍攫石形跡甚多
嘉靖三十二年大饑人相食兵備道史鵶賑恤之
隆慶六年秋大水
萬曆五年冬彗星見長數丈兩月方没
萬曆二十一年大饑民多餓死
萬曆四十三年大饑斗米錢二千貫蒙民多死就食河南者數千家
崇禎十年夏太白晝見
崇禎十二年至十四年蝗蝻連災禾食既民相食
國朝
順治三年夏五月大水
順治四年夏四月大水
順治九年秋大水
順治十六年秋七月八月大水

康熙三年秋至四年春大旱

今上發帑銀遣官賑饑又允巡撫周有德疏全蠲本年田糧

康熙三年冬十一月彗星見

康熙五年滕氏家豬產象尋死

康熙七年六月地大震壓死民人有丁者三十餘丁老稚男女千

餘人冊塌城郭及民舍無算免本年田租十分之二遣官賑濟

者三

康熙十一年夏四月雨雹小者如卵大者如升夏六月七月蝗災

食田禾之半

康熙十九年大水奏免田糧十分之三

兵燹

夏

后癸乙亥二十有三歲代崇山有施氏

（清）陳懋修　（清）張庭詩、李墇纂

【光緒】日照縣志

清光緒十二年（1886）刻本

考鑑志

祥異○金明昌二年旱大飢大安二年春大旱六月霪雨大飢斗米千餘錢元元貞十一年飢延祐六年大水縣舊志至元二年飢十九年飢明景泰四年冬十一月大雪海凍府志成化十五年歲大稔麥兩岐穀雙穎十八年大水宏治五年大旱民絕食正德三年大旱民多死嘉靖十八年秋七月辛卯夜大風雨海水溢岸五里漂沒禾稼十九年冬十月西南有赤氣黑氣貫其中西北氣亦如之縣舊志府志略同二十年三月朔大風自西北起黃霾障天是年秋飛蝗食禾幾盡二十一年十二月鄉民漢恭妻一產三男二十二年春

三月地震有聲如雷移時乃止舊縣志 四十三年大饑隆慶三年秋七月大水府志 萬歷七年麥秀兩歧十三年至十五年旱饑十八年自春正月不雨至夏五月舊縣志府志同 十九年有年二十年正月朔衆鶴南來旋繞於城自午至酉北飛是歲大有年舊縣志 二十一年夏霪雨饑舊縣志府志同 二十二年春二月海水退十里府志 四十三年大旱蝗禾豆災死者枕籍於道四十四年大有年野粟徧生畝收數鍾崇禎七年大水淹田禾漂民舍舊縣志 十三年旱蝗大饑人相食舊縣志府志同 十四年鶖鶖食蝗旋吐旋食十五年鵽鳩至千百成羣數月始絕舊縣志府志云此鳥出北方沙漠地鼠脚無後趾一名寇雞見則有兵亂俗名沙雞 國朝順治七年大水淹沒田禾舊縣志 十六年霪雨六十日大水康熙元年麥秀兩

歧三年大雨雹徑圍尺餘斃野鳥無算田禾災四年大旱稅糧全免發帑賑濟七年六月十七日地震聲如雷城舍多傾圮後屢震歷四年始息免本年租稅四分發帑賑濟九年冬大雪平地深尺餘人有凍死者十年尹家莊民鄭建奏謝氏一產三男十一年蝗衛守趙興璧祭之蝗不入境邑境蝻生縣令楊士雄率民捕之忽有蝦蟆成羣食蝻盡舊縣志十七年大水五十七年旱飢秋七月大風拔木五十八年春旱飢府志雍正八年自五月霪雨至六月二十九日大水泛漲九月開倉賑濟十年春旱禾豆災乾隆二年飢免租稅三年夏旱蝗五年秋八月嘉禾生七年冬十二月大雨雪八年夏六月旱九年海水溢至城東郭外十二年夏四月雨雹五月

大水十三年海溢大飢十五年春旱三月雨雹六月大雨水溢十六年秋七月大水十八年水災賑十九年八月霪雨二十年恆雨飢二十三年大旱飢府志三十三年大旱飢三十六年五月大雨水溢四十九年春寒人有凍死者五十年大旱飛蝗徧野食及木葉歲大飢五十一年春大飢人相食夏大疫麥熟有秋六十年大旱嘉慶元年秋八月大雨水六年六月楊家窪張開學妻一產三男八年夏五月大雨河水泛溢房屋倒塌人多壓死十年十一月張家莊張延妻徐氏一產三男十二年二月大風晝晦二十四年冬十二月大雨二十五年七月潘家莊宋晉妻周氏一產三男道光元年夏大疫九月馬嶺前趙希常妻張氏一產三男二年春大旱

秋大水三年大飢四年五月大雨雹傷麥七年春大飢六月大水八年春大飢秋大水河溢平地數尺九年冬十月地震十年黑沴殺麥十一年七月大水十二年春飢夏無麥十三年春大飢民流亡夏大疫十四年大飢十二月濤雒馬立太妻莊氏一產三男十六年三月安家莊郭忠妻劉氏一產三男二十三年秋大水二十七年六月大雨二十三日夜大風拔木二十九年七月大水咸豐元年秋大水二年春大饑四年旱蝗六年二月初十日黃土迷空秋飛蝗蔽天大旱飢七年大旱飢飛蝗徧野十年鴝鵒至十一年麥秀兩歧雨雹同治元年大疫秋大水四年正月十三日大雪雷雹雨雹閏五月二十三日大風拔木五年六月初一日夜大雨震

雷平地水漲丈餘秋大飢六年春大飢夏麥大熟七年大疫八年春飢十一年六月二十七日夜大風雨禾偃木拔十三年正月酉溝楊開正妻范氏一產三男光緒元年六月大風雨平地水深數尺七月大風傷禾稼冬牛災二年春大飢五年六月大雨水自山出七年閏七月十六日大水漂沒房舍瀕海諸民多溺死者十年麥秀兩歧考漢儒言災異者率推本洪範與春秋雖淵源經訓而亦時有附會後儒病焉然而上天降災實由人致側身修行猶恐不足以補救董子所謂天人相與之際甚可畏也

【康熙】泰安州志

（明）任弘烈原本
（清）鄒文郁增修
（清）朱衣點增纂

清康熙十年（1671）增補明刻本民國二十五年（1936）鉛印本

災祥

漢昭帝元鳳三年春正月泰山大石起立高丈五尺有白烏數千集其旁僵柳復起生虫食柳葉成紋

成帝河平元年泰山桑谷有鳶焚其巢郡天孫通等聞山中羣鳥鵲聲往視見巢焚盡墮其地中有三鳶鷇燒死樹大四圍巢去地五丈五尺

光武皇帝建武元年泰山雲氣成宮闕

章帝元和二年二月辛未幸泰山黃鳥三十經祠壇上東北過於齋宮翱翔升降

晉武帝泰始四年七月泰山崩墜三里

元帝泰康二年六月泰山大水蕩析二百餘家溺死六千餘人成帝咸康八年趙石虎建武八年

有石然于泰山八日而滅

宋孝武帝大明元年七月白雀見泰山

東魏宣武帝景明三年八月辛己泰山崩湧水十七處

武帝六年四月泰山甘露降

後齊天統初泰山封壇玉璧自出

隋文帝開皇十四年將祀泰山令使者致神像於祠未至數里野火歘起燒像

唐高宗永徽二年七月泰山大水　十三年十一月戊子雄雉馴飛泰山齋宮內

宋眞宗大中祥符元年五月泰山醴泉出丁丑王母池水變紅紫色按史乾封縣民王用田中有童

子掊二等青錢數十爭取之錢墜石罅因發石湧泉二十四眼味極甘美又枯石中發湧泉二十

五眼一眼出層層之上內有繁浸盛引數泒雙魚躍其中有果實流出似李差小味甚甘制置使

王欽若貯水以獻六月庚戌賜百官詔建亭賜額曰靈液六月王欽若至乾封上言泰山醴泉出

天書見有靈芝三萬八千二百五十一本（夫醴泉芝艸固理之所有乃若天書之降吾誰欺之欺乎）十二月泰山玉女白龍王母池醴

泉出丁酉賜輔臣新醴泉　六年十月泰山興工有鳥狀鳥嘴趾皆亦役夫稍憩即飛鳴作起之

聲衆工見其來咸踴爭進將晡而去日以爲常目爲催工鳥

仁宗嘉祐三年七月泰山上瑞麥圖凡五本

元世宗至元九年九月泰山淫雨河水溢圮出廬害稼

成宗元貞元年六月泰山大水

武宗至大元年九月泰山大水

仁宗延祐元年三月泰山雪霜三日

文宗天歷元年泰山大水

順帝元統元年泰山淫雨河水溢大飢　至正六年春二月泰山奉符縣大飢地震七日他縣亦

然

皇明成化二十一年春二月三月泰山屢震遣官祭之

正德十六年春三月岱廟東廊火

嘉靖八年泰山蝗九年十年如之　十六年六月泰山水漂溺數百人　十一月州城火延燒數十家　二十一年泰山蝗不爲災　二十二年泰山夏再稔麥粟有一本三穗至五穗者知州爲逢伯獻于朝　二十九年十二月岱廟火正殿門廊俱焚古樹碑刻亦多毀者　三十年六月泰山大水御帳衝壞人多溺死　三十二年泰山大飢民相刼奪行旅不通　三十三年春泰山大飢餓莩沈藉貧民多取其肉食之

萬歷十四年十月十八日泰山碧霞宮四方來禮神者互相踐踏死六十一人巡撫都御史李戴委濟南府通判桑東陽往經理收瘞十六十七年州屢飢斗米三錢貧民取餓莩肉食之羣盜蜂起知州劉從仁多方拯救民賴以生鄉官安烈出粟千石助賑守道汪公列其名於旌善坊　三

十一年六月州大水發自泰山龍口大石崩裂御帳衝毀大夫松仆盤道皆亂石阻塞不可復識上下殊艱之居民填溝壑以千計屋舍傾圮倍焉灑畦潦地鮮獲有秋知州任弘烈發粟賑之瘞其死者乃爲文躬致祭於水浜

崇禎七年甲戌歲正月有飛鳥千萬成羣遮天蔽日自東北來其鳥身體若鳩色微紅足如貓人不能識說者以爲塞外之鳥名曰沙鷄

崇禎十一年至十三年連歲旱蝗民大飢人相食七寇蜂屯遍東省州城内外夜夜鬼泣

崇禎十五年五月間瘟疾大作十傷八九

野猪之名前未有也自順治元二年有畜在泰山左右麓林之處茹草食田獵者見之不知其名形狀聲音與猪無異毛色似鹿土人以野猪名之今山中及附近州縣之鄰山者皆有之

國朝順治四年丁亥歲春大旱西淶河無故出水冬復地震

自孔子過泰山聞有母哭其子被虎食者自後千餘年未聞有虎至順治十一年州東轉山有虎

嗣後有虎跡出入無常

順治十六年春有虎見於城南竇家村州守曲允斌率百騎往捕之馬見虎皆驚奔不前

康熙七年六月十七日戌時忽有白氣冲起天鼓忽鳴城隨大震聲如雷鳴音如風吼隱隱有戈甲之聲或自東南震起或自西北震起勢若掀翻樹皆仆地食時方止城垣房屋塌灘大半城市鄉村人皆露處當夜連震六次比天明震十一次自後常常震動至次年六月十二猶震城西南故縣村地裂深不見底寬狹不等其長無際城東梭村莊地裂出水東南留宋羊樓等莊地陷爲坑大小不等皆有水朱山崩裂石上有文人不能辨泰山頂廟鐘鼓皆自鳴有聲或見馬蹄其大如斗或見大人之跡其長尺許查撫疏山東全省未報地震地方僅一十二處其州縣俱報與本州同日地震等災傷

按天人相與之際可畏已古謂和氣致祥乖氣致異信也然有靈瑞示寵或階之禍沴氛兆譴卒爲禎符此果天意乃人爲也哉善乎箕子之演疇也曰王省惟歲卿士惟月師尹惟日然則允釐燮理豈特哲王蓋相所當加之意耶

（清）顔希深修　（清）成城等纂

【乾隆】泰安府志

清乾隆二十五年（1760）刻本

泰安府志卷之二十九

祥異志

前史所載天文五行志率有驗有不驗然班筆之
臣必謹書其大者以爲陰陽之氣與人事相感應
劉子政云和致祥乖致異理固然也泰山古多嘉
瑞卽怪變亦以時見推而言之凡其所連屬者皆
視此矣日月星辰風雲雨雹下及草木羽毛鱗介
之屬孰休孰咎可以察天心占人事焉非一郡之
大者乎夫志亦史也烏得而不書作祥異志

景王二十年冬有星孛於大辰

威王三十一年嬴博之間地坼及泉

漢

高帝三年十一月癸卯晦日有食之在虛三度

文帝七年十一月戊戌土木合於危

景帝三年塡星在婁幾入還居奎　七年十一月庚寅

晦日有食之在虛九度

中六年梁孝王北獵梁山有獻牛足上出背上

武帝元光三年夏河決瓠子（詳見東阿縣瓠子故瀆條下）

昭帝始元中熒惑在婁逆行至奎

元鳳三年春正月泰山大石自起立萊蕪山南洶洶有數千人聲視之有大石高丈五尺大四十八圍入地八尺三石爲足白烏數千集其旁　五年四月燭星見奎婁間

宣帝元康元年三月鳳凰集泰山　三年春神爵集泰山

成帝河平元年二月泰山山桑谷有鳶焚其巢郡人孫通等往視見巢爇墮地有三鳶鷇燒死樹大四圍巢去地五丈五尺

哀帝建平三年十一月無鹽危山土起覆草如馳道狀瓠山石自立危一作[illegible]瓠一作瓡

東漢

光武帝建武元年泰山雲氣成宫闕　二年正月甲子朔日有食之在危八度　十二年六月黄龍見東阿

章帝建初元年三月甲寅東平地震　二年十一月戊寅彗星出婁三度長八九尺百有六日而滅

元和二年二月己未鳳凰集肥城辛未柴告岱宗有黄鵠三十經祠壇上東北過於宫屋翱翔升降

和帝永元元年正月乙卯金木俱在奎丙寅水又在奎辛未水金木在婁　二月壬午日有食之在奎八度

元興元年二月庚辰流星起角亢長五丈閏七月辛亥水金俱在氐

殤帝延平元年正月丁酉金火在婁

安帝永初五年正月庚辰朔日有食之在虛八度

元初三年十一月甲午客星見西方己亥在虛危

年二月乙亥朔日有食之在奎九度

順帝永和六年二月丁丑彗星見奎一度長六尺

桓帝延熹四年六月庚子泰山及博尤來山並頹裂東萊

卽祖徐　八年四月濟北河水清　九年四月東郡濟北

河水清

靈帝光和元年八月彗星出亢北入天市中長五六丈

赤色經歷十餘宿八十餘日乃消於天苑中　五年[illegible]

月歲星熒惑太白三合於虛相去各五六寸如連珠 三

和平五年二月彗星出奎逆行入紫宮後三出六十餘

日乃滅

獻帝初平二年九月蚩尤旗見長十餘丈出角亢之南

魏

明帝青龍四年十月甲申有星孛於大辰

景初二年十月癸巳客星見危

魏主髦甘露二年十一月彗星見角色白

晉

武帝太始四年七月彗出軒轅三星九月兗州大水

紀年災祥 晉

咸寧二年六月甲戌星孛於氐　三年八月泰山霜害

三豆九月兗州大水

太康元年三月庚午東平雨雹五月東平雨雹傷禾麥

三豆　二年五月庚寅東平雨雹傷禾稼六月泰山大

水流三百家殺六千餘人　四年七月兗州大水　五

年七月乙卯東平雨雹傷秋稼

惠帝元康五年四月有星孛於奎六月萊蕪大水

永康二年四月彗星見齊分

永寧元年七月歲星守虛危　二年十一月熒惑太白

[illegible]於虛危
永興元年七月庚申太白犯角亢
元帝泰興三年四月壬辰枉矢出虛危
成帝咸康二年正月辛巳彗孛在奎六月辛未流星大
如二斗魁色青赤光耀地出奎中没婁北　八年有石
隊於泰山入日而滅
穆帝永和七年三月戊子歲星熒惑合於奎
升平五年正月乙丑歲在危宿奄大白
哀帝興寧元年八月星孛於角亢
[illegible]康元年十二月甲申太白晝見[illegible]

正月丁巳有星孛於女虛三月景戌彗星見於氐
太元元年八月癸酉太白晝見在氐　二年九月壬午
太白晝見在角　十三年十二月熒惑在角亢戊子辰
星入月在危　十四年兗州蝗　二十年九月有蓬星
如粉絮東南行歷女虛
安帝隆安四年二月已丑有星孛奎長三丈　五年三
月甲寅流星赤色衆多西行經牽牛虛危天津閣道貫
太微紫宮
義熙二年十二月景午月奄太白在危　三年正月景
子太白晝見在奎二月癸亥熒惑塡星太白辰星聚於

奎婁從塡星也　五年十二月辛丑太白犯歲星在奎

南北朝

宋武帝永初元年十二月庚子月犯熒惑於亢　二年六月乙酉熒惑犯氐十月太白犯塡星於亢　三年二月辛卯有星孛於虛危向河津掃河鼓壬辰塡星犯亢十月癸巳客星見危逆行在離室北騰蛇南十一月癸亥月犯氐亢　六年十一月十五日太白塡星合於危

文帝元嘉七年三月太白犯歲星於奎　八年八月木連理生東安新泰縣　十六年十月歲星熒惑相犯在[illegible]饑　二十五年年縣饑　二十八年冦入萊蕪春[illegible]

[illegible]

孝武帝大明元年七月白雀見泰山　二年二月辛丑甘露見濟北太守殷孝祖以獻　六年十月太白入氐又入氐中

順帝昇明三年四月歲星在虛危徘徊元枵之野

南齊高帝建元四年七月戊辰月在危宿蝕

武帝永明七年八月丁亥月在奎宿蝕

東昏侯永元六年正月戊戌月在角南相去三寸六月乙卯月在角星東一寸爲犯　八年正月丁巳月在亢南頭第二星爲犯六月甲戌同　九年四月癸未月在

歲星北為犯在危度　十年五月甲戌月行在危度入

羽林九月癸亥月行犯填星一寸在危度十月辛卯月

行在危度入羽林　十一年四月壬寅月行在危度入

羽林無所犯

和帝中興二年二月白虎見東平

陳文帝天嘉五年四月庚子太白歲星合在奎壬寅又

合在奎是年牟縣大水餓死者不可勝計

魏道武帝天興三年三月有星孛於奎

天賜三年十二月丙午月掩太白在危

明元帝神瑞七年二月辛巳有星孛於虛危

泰常元年五月甲申月犯歲星在角　五年十一月辛亥熒惑在亢乙卯熒惑犯填星在角　六年五月丙辰熒惑在角亢

太武帝始光二年月犯熒惑在虛

神䴥三年六月丙子有大流星出危南入羽林十二月戊流星首如甕長二十餘丈大如數十斛色正赤光八百自天船及河氐奎大星及於壁

太延四年十一月丁亥兗州地震

文成帝太安四年十一月長星出奎白蛇形有尾跡既變爲白雲

獻文帝天安元年六月兖州有黑蟻與赤蟻交鬬長六十步廣四寸赤蟻斷頭而死

孝文帝延興四年七月丙申太白犯歲星在角

承明元年四月辛酉徐兖二州大風雹

太和二年二月丙子兖州地震　六年八月齊兖二州蝗害稼　八年四月濟州蝗大水暴風人死　九年六月庚戌濟州暴風折木　十四年六月甲戌月犯亢　十五年三月壬子歲星犯塡在危癸巳水火土合宿於虛閏月濟州獻三足烏　十七年五月戊辰金木合[illegible]月兖州獻白烏　二十年五月兖州獻白雉一　二十三

年八月戊子兗州地震　二十三年六月兗州大水十
月濟州木連理
宣武帝景明元年五月兗州蝦蛄害稼　七月大水民居
全者十四五　十二月丁亥月暈角亢　二年正月己未
金水俱在奎光芒相掩　四月己亥月暈角亢氐　三年
三月濟州獻赤雀　四年十二月庚子月暈亢氐
正始元年八月濟州獻嘉禾　二年三月丁丑濟州大
雹雨雪
永平元年四月濟州獻白兔　二年閏月癸酉月在危
蝕

延昌元年三月乙巳月暈角亢 二年三月己未濟州地震有聲 三年四月有流星起天津東南流轢虛危八月辛巳泰山崩頹石湧泉十七處 四年四月兗州獻白狐

孝明帝熙平元年五月濟州獻白鹿八月己酉月在奎蝕 二年八月癸卯月在婁食盡

神龜二年七月太白犯角

正光元年四月濟州獻三足烏是月濟州又獻三足烏二年四月甲辰火土相犯於危十一月辛亥金土又相

孝靜帝 三年八月濟州獻白雀 五年十二月癸亥

[illegible]昌三年正月戊辰月犯填星於婁相去七寸許光芒相及

孝莊帝永安元年十二月辛卯月在婁暈昴　二年四月乙丑月在危

前廢帝普泰元年正月乙丑月在角背角亢

靜帝天平四年七月兗州獻白雀

興和四年五月濟州獻蒼烏

武定元年正月兗州獻白雉四月兗州獻蒼烏五月濟州又獻蒼烏六月兗州獻白鹿　三年十月兗州獲白

雀　六年四月泰山郡甘露降　八年三月甲午歲鎮

太白在虛熒惑又入之四星聚焉

北齊武成帝河清元年龍見濟州浴堂中四月河濟清

二年十二月兗州大水　四年正月己亥太白犯熒惑

相去二寸在奎

後主天統元年六月壬戌彗星見於文昌經紫微宮西

垣入危漸長一丈餘指室壁百餘日在虛危滅

八月孛星入天市漸長四丈犯匏瓜歷虛危九月入奎

至婁而滅　泰山封禪壇玉璧自出

武平三年九月庚申月在婁食既至旦不復

周武帝保定五年十一月壬午熒惑犯歲星於危南

五年正月甲辰太白熒惑歲星合於婁六月庚申彗星出三台入危漸長一丈餘指室壁後百餘日稍短長二尺五寸在虛危滅

天和二年七月己未客星見房心白如粉絮大如斗漸大東行長如匹九月壬寅入奎稍小壬戌至婁北滅凡六十九日

建德元年十二月丙子歲星與太白相犯光芒相及十二月庚寅月犯歲星在危相去二寸

宣帝大象元年十月乙酉熒惑在虛與填星合

隋

文帝開皇十四年將祠泰山令使者致石像未至野火欻起燒像碎如小塊十一月癸未有星孛於虛危及奎婁

煬帝大業三年三月辛亥長星見西方竟天歷奎婁角亢而沒

唐

太宗貞觀元年夏旱　二年三月戊申朔日食在婁十一度　六年正月乙卯朔日食在虛九度　八年八月甲子有星孛於虛危歷玄枵乙亥不見十三年三月

朔日食在婁二度　十二年閏二月庚辰朔日食

在奎九度

高宗永徽元年正月濟州河清　二年七月博城大水

五年六月濟州河清六十里

總章元年博城旱大饑

咸亨五年三月辛亥朔日食在婁十三度

武后長壽二年九月丁亥朔日食在角十度

長安二年三月壬戌朔日食在奎十度九月乙丑朔日

食幾既在角初度

元宗開元三年萊蕪蝗　四年蝗食稼聲如風雨　十

三年十月戊子雄雉馴飛泰山齋宫内　二十年秋東平大水淹民田

代宗大暦三年三月乙巳日食在奎十一度

德宗貞元二年夏蝗群飛蔽天旬日食草木葉俱盡餓殍枕野

憲宗元和六年三月戊戌日晡天陰有流星大如斛墜兗鄆間聲震數百里野雉皆雊所墜之上有赤氣如立蛇長丈餘至夕乃滅　十四年二月晝有魚長丈餘墜鄆州市鄆州從事院前地有血方尺餘人以爲自空而墜　十五年三月鎮星太白合於奎十二月熒惑鎮星

合於奎

穆宗長慶三年八月丁酉夜有流星經奎婁東南流去月甚近迸光散落墜地有聲　四年鄆大水壞城郭廬舍田稼略盡

文宗太和四年鄆大水害稼

開成五年夏兗鄆二州蝗

武宗會昌元年十月丙戌月掩歲星於角　三年三月丙申又掩歲星於角　四年八月丙午有大星如炬火自奎婁掃西方七宿而隕

僖宗乾符四年七月有大流星如盂白虛危歷天市入

羽林滅

昭宗乾寧三年十月有客星三一大二小在虛危間狀如鬭經三日而二小星沒其大星後沒

天復二年鎮星守虛三年二月始去

五代

唐明宗天成三年正月壬申金火合於奎

唐主清泰元年十一月丁未彗出虛危掃天壘及哭星

晉高祖天福六年冬十月河決鄆州

晉帝開運元年六月河決環梁山入於汶濟是年鄆州蝗

二年七月乙未朔月犯角　三年[illegible]月河決楊

劉

漢隱帝乾祐元年七月鄆州蝝生

周文帝顯德初河決楊劉口宰相李穀監治堤以遏之水患小息自此決河不復故道離而爲赤河

宋

太祖建隆元年五月甲子太白犯熒惑於婁　三年鄆州春夏不雨

乾德三年七月河溢於鄆州　四年七月泰山水東阿河溢並壞民田　五年三月五星如連珠聚於奎婁之次

開寶元年正月壬寅歲星填星太白合於婁　二年東阿河水爲災遷治南谷鎮　三年鄆州水災害民田　四年六月鄆州河及汶清河皆溢注東阿壞倉庫民舍八月東平風雹　六年鄆州河決楊劉口

太宗太平興國二年東阿水城圮遷治利仁鎮　四年正月癸酉有白氣起角亢經太微垣至月旁散九月鄆州清汶二水漲壞東阿民田

端拱元年閏五月鄆州風雪傷麥辛亥有星出奎如牛月北行至東没

至道元年七月癸丑有星出危色青白入羽林没　二

年七月鄆州河決壞城堤四處

真宗咸平三年五月河決鄆州王陵埽　六年六月辛

未赤氣出婁貫天際

景德四年九月須城東阿蝗

大中祥符元年五月泰山醴泉出丁丑王母池水變紅

紫色　六月乙未天書再降於泰山醴泉北七月乾封縣

奉高鄉民田禾異隴同穎八月鄆州獻嘉禾乾封須城

縣民皆生芝鮮潔如畫九月乙亥填星歲星合於角亢

十月泰山芝草再生者甚衆　時王欽若等獻泰山芝草三萬八千五十本有並五

並三遞理者五色重暈如寶蓋不相連帶凡草木五穀

如寶山靈禽瑞獸之象者六百四十：詔令封禪日列

天書輦前又送諸路名山勝處及賜宰相　二年萊蕪大水傷稼　四年五

月鄆州甘露降八月兗州蝗蝻生有蟲青色隨齧之化

爲水　六年十月泰山有鳥狀鳥觜趾皆赤時方興工鳥與役夫俱來去見稍馴即飛鳴因目爲催工鳥

天禧三年六月河決鄆州至徐與清河合浸城壁不沒

者四版明年既塞復決於西北隅

乾興元年五月壬午有星出危赤黃有尾跡速行而東

炸如迸火歷至羽林軍南沒

仁宗慶曆元年八月壬午夜有黑氣起西南長七丈貫之

抵積羽林入濁至天津良久散九月己酉星出奎如太

留西行没於東壁　五年六月辛酉星出奎如太白芒

行至天倉没壬戌星過危至虚没有尾跡光燭地

皇祐元年二月丁卯彗星出虚晨見東方西南指歷紫

微至婁凡一百十四日而没　五年七月鄆州禾異畝

同穎

嘉祐三年七月泰山上瑞麥圖凡五本五百一穗

英宗治平三年四月丙午夜有白氣漸東南行首尾至

濁貫角宿

神宗熙寧元年八月須城東阿二縣地震終日　二年

七月丁卯星出危南如太白西南急行至壘壁陣没

四年六月東平河決

哲宗元祐六年十二月癸酉客星入羣室至七年三月辛亥乃散

紹聖二年東阿水壞城遷至新橋鎮

徽宗崇寧五年正月戊戌彗出西方長六丈斜指東北自奎貫婁至濁十二月壬戌星出奎急流入天倉有尾跡及三丈聲散如裂帛

大觀元年三月鄆州芝草生　四年五月丁未彗出奎北芒長六尺

宣和四年東平旱

高宗紹興八年五月客星守婁　十六年十二月庚寅彗星見西南危宿　三十年十二月戊申夜白氣歷氐亢角入天市至鄭位止

孝宗隆興元年十二月壬午夜白氣出危宿歷奎至昴

乾道八年四月辛丑熒惑與塡星合於奎

淳熙元年四月東平蝗七月辛亥奎宿生芒　六年十一月甲子熒惑合歲星於一　八年六月己巳客星出奎宿凡一百八十五日始滅

光宗紹興五年六月壬辰白氣自紫微至角亢十一月庚戌塡星與熒惑合於危

理宗紹定元年十月丁巳熒惑與塡星合於危

端平十年十二月塡星與歲星合於危

金

章宗明昌二年十一月乙丑金木二星見在日前十三日乃伏而順行危宿在羽林軍壘壁陣下光芒明大

泰和三年八月癸丑夜半有流星如太白色赤起於婁宿

宣宗貞祐三年十二月庚寅太白晝見於危八十五日乃伏　四年四月丁酉太白晝見於危百九十有六日乃伏　六月丙申歲星晝見於奎百有一日乃伏十一月

丙戌月暈昴星歲在奎月在翼

興定五年六月戊寅日將出有氣如火歷虛危東西亙見首尾移時沒

元

世祖中統二年六月戊戌太陰犯角　四年六月東平蝗

至元元年二月東平旱九月大水　五年六月東平蝗

九年泰安霪雨河刀並溢圮田廬害稼　十七年八月東平水　二十五年正月乙巳太陰犯角三月乙亥太陰掩角是年東平路須城等縣旱　二十六年東平

壅水害稼　二十八年正月壬寅太白熒惑填星聚於奎是年東平饑

成宗元貞元年六月奉符萊蕪二縣水　二年六月須城蝗

大德元年八月丁巳祅星出奎九月辛酉朔祅星復犯奎　二年二月辛酉歲星熒惑太白聚危六月壬戌太陰犯角　五年六月東平水十月壬寅太陰犯虛

武宗至大元年二月東平泰安大饑九月泰安水　二年東平蝗　三年四月平陰雨雹　四年七月東平大

仁宗延祐元年三月東平泰安大雨雪三日隕霜殺麥

六年六月大雨水害稼

英宗至治元年正月甲辰辰星太白熒惑填星聚於奎

二月壬子太白熒惑填星聚於奎七月東平水害稼

泰定帝泰定元年六月東平蝗霖雨漂沒田廬　三年

須城蝗　四年二月奉符萊蕪二縣饑

致和元年五月東平饑六月泰安東平雨水害稼

文宗天歷二年泰安饑　三年三月須城饑五月東平

蝗

順帝元統元年奉符萊蕪饑　二年正月須城水四月

東平又水

至元五年六月東平蝗　六年奉符饑　七年夏東平進瑞麥一莖五穗

至正二年九月東平路東阿縣雨雹大者如馬首　四年七月東阿平陰大水饑十二月東阿平陰地震　五年春須城東阿二縣大饑人相食　六年春二月奉符萊蕪地震七日乃止　七年東平饑三月東阿平陰地震河水搖動是年萊蕪亦地震　十一年十一月辛亥星孛於奎癸丑孛於婁　十九年萊蕪須城東阿蝗食禾稼草木俱盡人相食　二十年二月須城東阿隕霜

徽宗二十一年東平雨雹害稼　二十二年二月己酉彗星見危宿長丈餘色青白　二十五年秋須城東平平陰河決壞民居禾稼七月丁丑填星歲星熒惑聚於角亢

明

太祖洪武二年東平張秋河決　二十四年河決漫安山湖　二十七年三月乙丑熒惑犯歲星於奎

成祖永樂十五年萊蕪旱蝗　二十二年七月庚寅有星如椀赤色有光自奎入參旗散聚星掃蕩

宣宗宣德三年三月己亥東嶽泰山廟火

英宗正統十三年七月河決壞沙灣堤
景帝景泰三年四月甲申熒惑與歲星同犯危　五年
正月戊辰太白歲星合於奎　七年三月戊戌太白熒
惑合於奎
英宗天順元年五月丙戌彗星見危若動搖者東行一
度芒長五寸指西南是年萊蕪饑平陰蝗　四年平陰
復蝗　五年十一月甲子太白熒惑合於虛　八年二
月丙午塡星歲星太白聚於危
憲宗成化七年十二月甲戌彗星見天田西指彗北行
己卯光芒長大東西竟天北行二十八度餘乙酉南行

八年正月丙午行奎宿外屏漸微久之始滅 八年
新泰饑人相食 九年五月癸未萊蕪晝晦 十年萊
蕪大稔 二十一年十二月癸巳泰安地震三月壬午朔
復震聲如雷泰山動搖七日復微震癸巳乙未庚子
連震是年萊蕪亦地震
孝宗弘治四年平陰旱民饑 五年三月河決黃陵岡
淹東平平陰民田是年東平大饑新泰肥城旱大饑萊
蕪水 七年萊蕪平陰大有年十二月丙寅有星見天
上旁徐行近斗至八年正月庚戌入危
武宗正德三年平陰大稔 六年河決張秋東堤 七

年平陰蝗害稼　十六年三月嶽廟東廊火

世宗嘉靖二年春平陰黑風暴雨大木斯拔是年又地震旱　三年春平陰大饑人相食　六年平陰蝗　七年又蝗　八年泰安萊蕪蝗　九年泰安又蝗　十年泰安萊蕪新蝗　十四年新泰雨雹大風拔木　十六年六月泰安大水　二十一年泰安蝗不爲災新泰地震秋大水　二十二年泰安[illegible]稔　二十七年七月新泰隕霜殺稼　二十[illegible]年[illegible]雨雹傷禾肥城蝗

[illegible]　三十年六月[illegible]

[illegible]　三十一年萊蕪肥城東平

赤瘵民瘵禾稼　三十二年泰安萊蕪肥城東平東阿
大饑死者相枕藉行旅不通　三十三年泰安新泰大
饑人相食　三十四年肥城旱蝗豆禾幾盡　三十八
年新泰旱蝗肥城縣鐘不鳴穰之如故　三十九年東
平蝗傷禾稼　四十年四月肥城風霾　四十八年四
月肥城天鼓鳴
穆宗隆慶二年四月肥城風霾晝晦萊蕪水河溢漂没
民居　三年夏肥城蝗秋新泰肥城蝗雨害稼東平山
水泛漲決護城堤禾稼俱浮民乃饑
神宗萬曆三年東平雨雹如鷄子傷麥　四年新泰大

有年東阿水　六年新泰生芝之冬大雪深五尺許　九年十二月癸巳太白犯填星入危　十二年新泰大風拔木禾盡偃　十四年四月泰山焚香者踐死六十餘人巡撫李藏委官瘞之　十五年萊蕪蝗六月丁卯有星如斗隕平陰震響如雷　十六年泰安新泰萊蕪饑人相食　二十年萊蕪饑　二十一年新泰大水饑　二十二年春萊蕪饑新泰縣署甘露降於雙榆嘉禾生　二十四年萊蕪蝗　二十五年六月泰山雹　二十七年八月甲辰熒惑犯奎　三十一年六月泰安大水渰入百餘人泰山龍口大石崩裂水發衛御帳外大夫松　三十二年九月

守西垣星歲星熒惑聚於危　三十四年十一月庚戌熒惑掩歲星於危　三十五年東平亦饑　三十八年平陰饑十一月辛亥太白犯垣星於虛　三十九年新泰地震冬雷　四十二年冬新泰地震萊蕪饑四十三年新泰萊蕪肥城東平旱八月新泰萊蕪隕霜殺禾稼是年皆大饑　四十四年七月萊蕪肥城旱蝗　四十五年新泰萊蕪肥城復蝗田禾俱盡餓殍枕野　四十六年新泰歲大稔　四十八年正月泰安肥城雨土嶽廟配天門東青龍神口內火自出

熹宗天啟二年二月癸酉新泰東平地震八月新泰蝗

有禿鶖食之　三年春新泰隕霜殺桑損麥苗　四年夏新泰大水　五年新泰蝗　六年平陰霪雨傷稼

莊烈帝崇禎三年五月壬午萊蕪雨雹大者如盤自午至未田禾立盡　五年秋新泰水　六年夏新泰霪雨九月大雪　七年正月戊子朔夜東平雷雨大作是月泰安有異鳥成羣自西北來或謂之沙鷄　十年新泰絶穀　十一年泰安新泰旱蝗新泰見異獸其色白　十三年泰安新泰萊蕪肥城平陰旱蝗禾稼俱盡人相食　十四年新泰旱饑東平平陰大疫冬十一月向夕[illegible][illegible]東平平陰起黑風城上刀戟有火光如星夜半乃

淫　十五年四月新泰雨雹傷麥五月泰安大蝗冬溢

饑人相食

國朝

世祖順治元年秋萊蕪大稔　二年二月有黑氣起西北聲如鼎沸正午忽暗咫尺莫辨大風發屋拔木移時自東南去夏萊蕪蝗蝻害稼泰山有畜獨者不知其名

四年正月癸卯朔雷震是年泰安旱渿河無故水出

新泰萊蕪霪雨圮屋壞苗冬泰安地震　六年冬新泰地震　七年新泰萊蕪旱蝻蝗害稼萊蕪又雨雹是年河決荆隆口東平東阿平陰被淹　八年新泰生芝二東

平東阿平陰河水爲災夏東阿霪雨壞城郭八月地震者再　九年東阿東平平陰河水爲災　十年東平東阿平陰河水爲災　十一年泰安轉山見虎東平東阿平陰河水爲災秋冬東阿旱　十二年東平東阿平陰河水爲災　十三年新泰東阿獲瑞麥大有年　十四年萊蕪麥大稔七月嘉禾生　十五年東阿大有年　十六年泰安有虎見賓家村知州率騎捕之不獲是年萊蕪蝗蝻害稼　十八年夏東阿旱秋大饑

聖祖康熙三年四月東河隕霜殺麥冬彗星見辰巳之交　四年春新泰萊蕪東平東阿旱麥盡槁　詔免本

年饑發粟賑濟五月東平飛蝗蔽天　六年五月萊
平大風拔木雨雹傷麥禾　七年六月甲申地震有聲
如兵車鐵馬城垣民屋俱壞比天明連震十一次七月
甲寅八月乙卯復震泰安萊蕪地坼及泉朱山崩裂石
上有文莫能辨泰山鐘鼓自鳴　九年十二月庚戌萊
蕪木氷　十一年正月庚戌萊蕪大風雨雷電戊辰有
星大如斗赤如血自西而東散作七星光芒燭天六月
壬辰萊蕪飛蝗蔽天　十二年夏新泰不雨　十四年
夏新泰隕霜殺麥　十六年新泰龍見　十七年新泰
大旱　十八年新泰大饑七月庚申東阿地震　十九

年四月新泰雨雹傷麥禾十一月庚辛彗星出西南遶東北經兩月而没十二月己亥東阿地大震　二十一年五月新泰甘露降縣署　二十二年東平水没田廬　二十八年夏新泰蝗損稼　二十九年夏秋新泰蝗害禾稼　三十二年新泰東阿大水四月新泰雪　三十三年新泰麥秀兩岐大有年　三十六年夏新泰大水饑　三十七年新泰大疫　三十九年東阿水　四十一年長星見申方長數丈至三月乃滅新泰東阿大水　四十二年五月戊午肥城風異是年泰安新泰萊蕪肥城東阿大水　特遣官賑恤蠲緩錢糧東平州風

周起龍妻一產三男　四十四年新泰大有年　四十七年東阿旱　四十八年新泰水萊蕪縣民邢殿同妻一產三男　四十九年泰安州進瑞穀　五十一年十二月癸亥東阿大風自申至亥乃止　五十三年東阿旱　五十四年東阿歲大稔　五十五年夏新泰大水東平州民孫可芳妻一產三男　五十六年六月己丑泰安大水漂溺者無筭　五十八年秋新泰旱十月丁卯地微震　五十九年泰安童謡云鹽蝙蝠來穿草鞋遂有鹽徒曹龍章等據徂徠山聚衆寇掠巡撫李樹德勦撫兼施乃定是年新泰萊蕪東平旱　六十年新泰萊

蕪旱蝗　六十一年萊蕪旱無麥六月乙未肥城雨如血山水逆行

世宗雍正元年正月甲午新泰地微震四月雨雹饑丙辰泰安萊蕪起黑風八月新泰起黑風晝晦是年新泰東阿旱蝗泰安蝗不爲災　三年二月庚午日月合璧五星聯珠　五年東阿縣民劉虎之妻一產三男　七年三月庚午新泰甘露降學宮隕霜殺麥　八年六月霪雨河決沙灣口泰安新泰萊蕪東平東阿田廬被淹大饑　詔蠲賑有差　九年秋新泰大水傷禾　十年六月新泰旱秋乃稔　十二年新泰蝗不入境大有年

今上乾隆元年平陰獲嘉禾一本十五穗　二年新泰旱無麥秋乃稔十月天鼓鳴星隕　四年河決周家口淹東平東阿民田　五年六月癸巳泰山玉女廟災　九年四月新泰雨雹傷麥東平東阿蝗　十年二月庚午夜泰安縣署東火越城南門燒百餘家　十二年秋大水雨雹壞民屋田禾　詔蠲賑有差十二月乙酉肥城仁貴山間有聲如雷移時方止　十三年夏泰安新泰萊蕪東平大疫　十五年八月壬申夜平陰清涼院楊樹雨中火自出全枝俱焚次日辰刻雨止火亦息

十六年六月萊蕪霖雨泛孝義河壞田禾七月泰安水八月河決冲没掛劍臺肥城東平東阿平陰田廬盡壞詔賑濟蠲緩有差　十七年新泰歲大稔東阿蝗十八年東平民丁臣妻一産三男　十九年六月萊蕪冰　二十年三月壬寅新泰雨雹傷麥　二十三年正月萊蕪雷震四月丁巳萊蕪風異自辰至午乃止六月泰安蝗羣鳥啄之不爲災　二十四年夏閏六月蝗

葛延瑛、吴元禄修　孟昭章等纂

【民國】重修泰安縣志

民國十五年(1926)修民國十八年(1929)泰安縣志局鉛印本

災祥

天道遠人道邇休咎之徵其亦有不可盡信者乎而自漢以來五行家言奉之惟謹幾若天人相與之際猶之燭照數計無或毫釐誤者究之占候之說一有不應遂亦不能強人以必信況

自地震有儀風雨有表凡諸現象無不可據物理以爲測識固非有神秘不可知者在然則人於其間卽任其自然仍無不可以各如其常分而必載之簡牘相承弗替非好事也夫亦曰求有以處天人之際而已矣不然五石六鷁春秋胡沾沾舉以示後爲也災祥者又安可以忽乎哉

周

赧王三十一年嬴博之間地坼及泉

漢

昭帝元鳳三年春正月泰山大石起立

宣帝元康元年鳳凰集於泰山　三年春神爵集泰山

成帝河平元年泰山山桑谷有鳶焚其巢郡人孫通等聞山中群鳥鳶鵲聲往視見巢燃盡墜地中有三鳶鷇焚死樹大四圍巢去地五丈五尺

東漢

光武帝建武元年泰山雲氣成宮闕

章帝元和二年二月辛未幸泰山黃鵠三十經祠壇上東北過於齋宮翱翔升降

桓帝永興二年九月丁卯朔日有食之在角五度（角鄭宿也十一月泰山盜蜂起㧺殺長吏泰山於天文屬鄭）延熹四年六月庚子泰山博尤來山判解

獻帝初平二年九月蚩尤旗見長十餘丈出角亢之南

魏

少帝髦甘露二年十一月彗星見角色白

晉

武帝泰始四年七月泰山崩墜三里　咸甯三年八月泰山雹害三豆　太康二年六月泰山大水漂沒三百餘家溺死六千餘人

惠帝永興元年七月庚申太白犯角亢

東晉

成帝咸康八年有石然於泰山八日而滅

哀帝興甯元年八月有星孛於角亢

孝武帝太元二年九月壬午太白晝見在角

南宋

孝武帝大明元年七月白雀見泰山

北魏

宣武帝景明三年八月辛巳泰山崩湧水十七處

孝靜帝武定六年四月泰山甘露降

北齊

後主緯天統元年泰山封禪壇玉璧自出

隋

文帝開皇十四年將祀泰山令使者致石像於神祠未至數里野

火歘起燒像碎如小塊

濟南志濟印刷所承印

唐

高宗永徽二年七月博城大水　總章元年博城旱大饑

武后長壽二年九月丁亥朔日蝕在角十度

玄宗開元十三年十一月戊子雄雉馴飛泰山齋宫内　庚寅封於泰山慶雲見

宋

太祖乾德元年泰符水　四年七月泰山水壞民田

眞宗大中祥符元年五月泰山醴泉出（按史稱兖州乾封縣民王用田）中有童兒掊土得小青錢數十爭取之錢墜石罅因發石有湧泉二十四眼味極甘美又枯石河復有湧泉二十五眼又一眼出層阜之上經宿勢

浸盛又別引數派雙魚躍其中有果實流出似李而小味甚甘及今古錢百餘封禪經度制置使王欽若貯水馳驛以獻分賜近臣詔設欄格謹護之六月詔建亭以靈液爲額　丁丑王母池水變紅紫色　六月乙未天書再見於泰山醴泉北　七月奉高鄉田禾異畝同穎

冬十月戊申王欽若等獻泰山芝草三萬八千餘本有並五並三連理五色重臺如意變蓋上下相連僭瓦有草木五穀如犀山犀仙鶴禽瑞獸之象者六百四十二本詔令封禪日以中列於天書輦前封禪畢送諸路名山勝境及賜宰相按三朝符瑞志載天禧以前草木之瑞史不絕書而芝草尤多然多出於祥符以後東封西祀之時王欽若丁謂之徒以此導諛且動以萬本計則何足瑞哉　己酉有黃白雲如幢蓋龍鳳狀起太平頂復有雲如橋梁紫雲覆之久而不散　六年十月泰山有鳥狀烏嘴趾皆赤時泰山興工役夫稍怠鳥即有飛鳴作起之聲衆工見其來奮錚爭進將晡而去日以爲常目爲催工鳥

濟南慈濟印刷所承印

仁宗嘉佑三年七月泰山上瑞麥五百本一本凡五岐

元

世祖至元九年九月泰山霪雨河水溢圮田廬害稼

成宗元貞元年六月奉符大水

武宗至大元年二月泰安大饑九月水

仁宗延祐元年三月大雨雪三日隕霜殺桑六月大水害稼

泰定帝泰定四年饑　六年六月大雨水害稼　致和元年五月雨水害稼

文宗天歷元年泰山大水奉符等縣饑　二年饑

順帝元統元年泰山霪雨河水溢大饑　至元六年饑　至正六

年春二月泰山大饑地震七日

明

宣宗宣德三年三月泰山廟火

憲宗成化二十一年春二月壬申地震三月壬午朔復震聲如雷

泰山震癸巳乙未庚子連震

武宗正德十六年三月岱廟東廊火

世宗嘉靖八年泰山蝗　九年十年蝗如之　十六年六月泰山

大水漂溺數百人十一月州城火延燒數十家　二十一年泰

山蝗不爲災　二十五年夏再稔麥粟有一本三穗至五穗各知州馬逢伯獻於朝　二十九年

十二月岱廟火正殿門廊俱焚古樹碑刻亦多毁　三十年六月泰山大水御帳衝壞

濟南慈濟印刷所承印

人多溺死　三十二年大饑民相劫奪行旅不通　三十三年春大饑人相食

神宗萬曆十四年四月十八日泰山碧霞宮焚禱祠者互相踐蹋死六十一人巡撫李戴委官瘞之　十六年十七年饑斗米三百民相食時有盜蜂起知州劉從仁多方拯救民賴以生　二十五年六月泰山震　三十年六月州大水漂溺千人水發泰山大小龍口御帳衙毀大夫松仆岸石崩盤道盡爲阻塞民死以千計禾稼多渰知州任宏烈發粟賑之　四十八年正月雨土初九日岱廟配天門青龍神出火十九日午黃風翳蔽日至夜乃止

熹宗天啓二年秋七月蝗

莊烈帝崇禎七年正月有異烏成羣自西北來體色若鳩微紅兩足似貓遮蔽天日識者以爲塞外

十一年至十三年旱蝗州大饑人相食土寇蜂屯逼城夕外夜間鬼泣　十五年五月大疫人死無算

清

順治二年春三月有異獸在泰山麓茹草食田形似豕毛色似鹿獵者不知其名土人謂之野猪　四年春大旱淶河無故水出冬地震　十一年虎見轉山嗣後徜有虎跡出入無常　十六年春虎見於竇家村知州曲允斌率百騎往捕未獲

康熙七年六月十七日戌時忽有白氣冲騰天鼓鳴地震雷風戈甲之聲四起壞城垣民屋幾盡是夜震六次比天明震十一次自後常震至八年六月十二日猶震故縣村稜村地裂及泉芊樓留送等莊地陷珠山震坼石上有文人不能辨泰山頂廟鐘鼓自鳴

地見馬蹏大如斗或見大人跡長尺許冬彗星見　十七年大旱　二十五年樬檜見　四十一年大水　四十二年霪雨傷禾　四十三年春大饑人相食死者枕藉　四十九年泰安州進瑞穀　五十一年秋大熟　五十六年六月六日泰山大水發岱者漂溺無算冬饑　五十八年春地震五月朔日蝕樹葉影皆馬蹄狀　五十九年萊蕪諸縣蝙蝠起（蝙賊曹縣令王洪公等聚眾數百人倡亂徂徠山下號為蝙蝠賊經州同張奇逢率役往捕招撫次年正月巡撫李樹德悉平定之先是鄉謠有云蝙蝠蝠子來穿草鞋此其應也）　六十一年旱無麥

雍正元年四月庚戌申刻大風霾晝晦　二年蝗不為災　三年二月庚午日月合璧五星如聯珠　八年六月二十一日淫雨三晝夜泉湧溢壞民田廬殆盡　九年春大饑冬大雪井底冰　十

年夏甚暑河魚多死　十二年秋蝗

乾隆三年六月龍見於小汶之南　五年六月癸巳頂廟災　十年二月庚午縣署東火越城南門延燒百餘家　十二年霪雨傷稼　十三年春大饑人相食夏大疫　十五年三月大風雪冰凌傷麥夏四月銅器街火越數日靈芝街又火秋豆大熟　十六年六月二十日泰山大水南汶河溢　十九年七月十六日大風雨竟日不盡偃大木斯拔　二十三年六月蝗有鶖鳥食之不爲災　二十四年六月蝗秋蝻蕼撲滅之　二十五年秋大稔　二十六年七月十四日蛟騰夏陣村西河（高三丈彩色炯爛橫飛東南風雲隨之）　三十四年七月初四夜潦河雨水暴漲漂沒河旁廬舍無算徂徠西麓水溢

四禪　濟南慈濟印刷所承印

寺陷爲溪　三十七年五月十五夜泰山大水盤道圮　三十八年有蟲如蠶嚙禾不實　四十一年嘉禾生畝有二岐三岐十餘本百餘本者　四十三年夏旱縣令張鳴鐸從布政司徐恕步禱岱頂得雨　秋大稔　四十五年大稔

嘉慶十六年旱　十八年旱

道光十五年大旱　二十六年大雨汶水溢淹沒田禾爲災甚鉅土人名黃水　二十八年饑民多流亡

咸豐七年麥大熟　九年饑　十一年人多疾疫死朝令八月初一日過年

同治九年蝗傷秋禾將半

光緒二年大旱飢道殣相望五月四日日月光色紅似血四年蝗

六年九月淫雨爛場豆　七年秋彗星黎明見東方長丈餘　十四年五月五日地震二次　十五年饑　二十一年十二月十一日大風岱廟鳳凰柏折並倒一碑　二十四年六月八日大雨雹自石汶以東廣袤四十餘里秋稼及草木枝葉殆盡秋蟲傷禾

宣統元年十一月初二日地震十七日又震　二年四月彗星見

民國

民國三年七月二十六日大雨雹　五年秋蚜蟲生高粱盡枯

七年五月大雨汶水溢沖倒民舍無算　秋瘧疾爲災染者多不救　八年夏旱六月二十一日飛蝗大至綴禾黍至地七月朔蝝生岸谷幾徧厚者餘二寸侵及村屋緣壁入人家穀蔬食盡惟菸

藜存　九年春夏大旱西鄉蝗蝻生不爲災　十年五月岱廟前火六月雨幾四十日汶水溢　十一年七月十三日魯家衚衕火災菜園街大火燒十六家　十二年十二月一日靈應宮火　十三年十一月二十九日曹家村大火延燒全村殞命者四人　十四年四月二十九日城西北隅子堂火災　十五年夏大旱自三月不雨至六月朔乃雨是月五日大風聲如雷一日夜乃息禾偃木拔蔬果萎墜城堞摧毀賈家林石坊吹倒七月初八日五色雲見

重修泰安縣志第一册終

（清）凌紱曾修　（清）邵承照纂

【光緒】肥城縣志

清光緒十七年（1891）刻本

祥異

漢

章帝元和二年二月己未鳳凰集肥城

宋

孝武帝大明二年二月辛丑白麞見濟北郡太守殷孝祖

以獻

魏

宣武帝景明三年□月濟州獻赤雀正始元年八月獻嘉禾永平元年四月獻白兔

孝明帝熙平元年五月濟州獻白鹿正光元年四月獻三足烏三年八月獻白雀

唐

總章元年博城旱

明

宏治四年旱民饑

五年旱大饑

七年秋大熟

正德二年冬大雪深三尺

三年大有

嘉靖二年春黑風暴雨木拔地震歲大旱

三年春民饑

六年蝗

七年蝗

二十八年蝗

三十年六月雨雹大木壞城郭傷禾

三十二年大饑死者相枕藉行旅不通

三十四年旱蝗食禾殆盡

三十八年縣鐘不鳴官禱之鳴如故

四十年四月初一日風霾咫尺不辨

四十三年四月初四日夜有星孛於西北其光燭地

天鼓鳴

隆慶二年四月初五日風霾晝晦

三年旱蝗秋霪雨傷稼

萬歷四十三年旱蝗

四十四年太白晝見白氣亘天旱蝗

四十五年復蝗大饑人相食死者無算

四十六年彗星見累月始息

四十八年雨土

崇禎三年大熟

八年飛蝗蔽天害稼

十三年旱蝗禾稼俱盡人相食

十四年十一月初一日戌時黑風大作城中刀鎗俱有火光如星夜半乃止

國朝

康熙元年大有

七年六月十七日戌時地震

四十二年五月十八日大風起自西北色甚異秋大

雨傷禾

四十三年春大饑秋麥乃大熟

六十一年六月己未雨如血山水逆行秋大雨傷禾

雍正三年二月庚午日月合璧五星聯珠

八年六月二十二日大風雨連七日夜墻屋盡傾民

饑

九年春大饑餓死者相枕藉

乾隆元年大有

二年大有

十二年十二月乙酉鞍仁賞山間有聲如雷移時方

止

十三年秋大水

十五年大有

十六年河決張秋水至縣境田廬盡壞

二十三年旱蝗

二十四年蝗民艱於食

三十五年七月二十八日戌時赤光自北方起中有白氣十三道望如火熖至天中夜半漸退

五十年大旱

五十一年春大饑人相食秋麥乃大熟

五十七年秋大熟

嘉慶元年大有

四年大有

六年秋大水

十二年二月十七日未時暴風色紅如火忽黑纔晝一夜止

十五年彗星見數月始息

十六年秋大水

十八年旱大饑

道光元年四月朔日月合璧五星聯珠

九年十月二十二日地震有聲

十年閏四月二十二日地震

十五年春旱秋蝗

十六年旱蝗食穀殆盡

十七年蝗蝻春大饑死者藉枕秋大水

十八年春饑麥秋大熟

咸豐二年十一月初六日地震

三年三月初八日地震

五年黃水北徙會清河由肥境轉入長清東北入海

六年秋七月飛蝗蔽天害稼歲凶

七年春大饑死者枕籍麥秋大熟蝗不爲害

八年大有蝗不爲害

十年冬肥境西南一帶既昏有火從地中起如燐而大色赤而靑作作流光徧地皆然

十一年二月髮捻至五月八月又至縱火殺人民死無數有星孛於西北入於西南八月日月合璧五星聯珠

同治八年五月十一日大雨雹平地尺餘大如鵞卵從肥境西北而南寬七八里長數十里

光緒二年亢旱赤地無禾閏五月十七日始雨秋猶有收

惟豆弗穫

四年大有

八年秋有星孛於東方形如匹練有光

十一年五月二十三日天鼓鳴起於西南沒於東北

秋七月有流星往來無定不計其數

十三年八月十五日黃河南徙

十四年五月初四日地震十二月二十四日黃水復

北徙會清河由肥境轉入長清東北入海

（清）舒化民等修　（清）徐德城等纂

【道光】長清縣志

清道光十五年（1835）刻本

祥異

漢

高帝二年辛丑十一月癸卯晦日有食之在危二度○(漢志)

漢初承周秦之弊歷法未詳故史記所載日食

或在晦日蓋司歷過也至武帝時始正歷法日食亘在朔日

光武建武二年丙戌正月朔日有食之在危八度○(晉史)

記所載日食多矣豈能備錄屬在縣志并可不必錄也舊志偶

錄數條亦取其在危度者有係於分野耳

三國 是時縣屬魏

魏明帝景初元年丁巳黃龍見於泰山山茌

南北朝 縣地初屬南宋後屬元魏後又屬高齊

元魏肅宗孝明帝正光元年庚子濟南靈巖山木連理○

即法定建寺之初

北齊後主武平四年癸巳大饑

唐

宣宗大中八年甲戌正月丙戌朔日有食之在室八度

宋

大宗至道二年丙申七月蝗大傷禾稼。此卽遷今縣治之年

孝宗隆興元年癸未十二月壬午夜白氣見西南方出奎入昴隆興舊志作興隆。案是時宋已南渡淮北屬金係金世宗大定三年

金

章宗明昌二年辛亥秋旱大饑

元

世宗中統二十二年大水舊志○案中統是世祖年號非世宗也中統亦無二十二年中統元年是庚申至甲子歲即改至元則中統僅四年也甲子當宋景定五年是時尚稱蒙古至辛未始稱元

成宗元貞元年乙未六月大清河溢

泰定帝泰定三年丙寅夏四月大饑□□□□

順帝至正六年丙戌春二月大饑 地震□□乃止

七年丁亥三月地震有聲如雷

明

孝宗宏治五年壬子濟南府屬大饑

六年癸丑縣署災

武宗正德四年己巳蝗傷禾稼

五年庚午大旱　六年辛未大水

七年壬申蝗　九年甲戌大旱

十一年丙子大旱　十三年戊寅蝗生

世宗嘉靖二年癸未大饑民食樹皮

三年甲申大旱　四年乙酉大旱

六年丁亥大水　七年戊子大蝗

九年庚寅雹雨傷禾

十一年壬辰蝗生　正月不雨至夏六月始雨　七月大

水漂沒田禾

十二年癸巳旱蝗　六月大水　八月隕霜殺菽

十七年戊戌星隕如雨　十九年庚子大饑

二十一年壬寅八月河西大水泛溢

二十二年癸卯四月丙子夜半天裂

三十一年壬子三月雨雹大作

三十二年癸丑都御史李艮家廳屋梁端生靈芝二本露

氣覆蓋如五色雲

三十四年乙卯三月二十七日晝晦

三十七年戊午大旱　地裂邊家莊

四十二年癸亥雨木冰　四十三年甲子木稼

四十四年乙丑 木稼四十日

神宗萬歷元年癸酉 濟南府屬大旱

九年辛巳 十月望日夜星落如流火著物不然

十四年丙戌 大旱 十五年丁亥 大旱

十六年戊子 大旱 秋隕霜殺菽

十七年己丑 四月雨雹傷麥 隕霜殺菽 大無麥禾

十八年庚寅 冬十一月浹旬乘雪種麥

十九年辛卯 春三月隕霜殺麥

二十一年癸巳 大水

二十二年甲午 秋八月隕霜殺菽

四十三年乙卯 大旱饑民就食河南

四十四年丙辰 蝗殺禾稼

四十六年戊午 冬十月彗星出竟夜方息三月始没

熹宗天啓七年丁卯 霪雨渰没禾稼

懷宗崇禎九年丙子 蝗爲災

十二年己卯 旱 蝗

十三年庚辰 大旱人相食 寇起 ○寇亂事錄後紀事類

國朝

順治七年庚寅 河決荆隆口清河以西平地水深丈餘村落漂没無遺至十一年乃息

十二年乙亥秋七月始雨 飛蝗蔽日

康熙三年甲辰夏四月下旬隕霜殺麥

四年乙巳旱中夏尚未播穀百姓饑荒殆斃中丞周公有德爲民請命疏詞愷切奉

旨全蠲本年稅銀

七年戊申夏六月中地大震城垣房屋傾頹人多壓死焉山崩損丈餘

九年庚戌大旱奉

旨蠲免賦稅十分之二

十年辛亥濟南府屬旱蝗 齊河長清十分災

十一年壬子蝗爲災

十三年甲寅濟南府屬大旱

三十七年戊寅濟南府屬旱饑

四十二年癸未濟南府屬大水

四十八年己丑大風傷麥苗

五十五年丙申濟南府屬大水

六十年辛丑山東通省大旱

六十一年壬寅山東通省大旱無麥

雍正三年乙巳秋大水

五年丁未黄河澄清各官加一級

八年庚戌水　十一年癸丑旱

乾隆三十年乙酉秋大水

五十年乙巳秋旱　五十五年庚戌秋大水

嘉慶四年己未秋大水　六年辛酉秋大水

八年癸亥黃河漫溢大水　十七年壬申秋旱

二十年乙亥秋大水　崮山火

二十二年丁丑秋旱　道光二年壬午秋大水

五年乙酉旱蝗生　六年丙戌旱二麥傷

七年丁亥二月二十四二十八日黑風西北來晝晦二刻

九年己丑秋大水雨雹　十月二十三日夜半地大震

十年庚寅閏四月二十二日戌刻地震

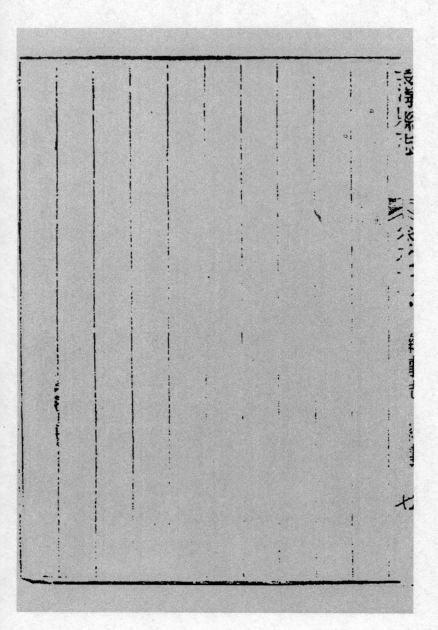

【民國】長清縣志

李起元修　王連儒纂

民國二十四年(1935)鉛印本

长清縣志 民國甲戌續修

卷十六

雜事志

祥異

清道光二十三年癸卯夏四月彗星見

三十年庚戌正月朔日有食之

咸豐元年辛亥大旱秋無禾

五年乙卯七月黃水來自大清河湧出河西平地水深丈餘村莊漂沒甚衆

六年丙辰補賑被水災民　秋蝻蝗傷禾歲大饑

山東省政府印刷局製印

七年丁巳大旱無麥禾　五月黃水自運河入趙牛河

六月河決黃家渡

八年戊午河西黃水爲災　秋八月彗星出西方久而南移光漸滅

十年庚申趙牛河北岸築堤水患稍平

十一年辛酉秋大雨趙牛河北岸決

同治元年壬戌夏五月霪雨傷禾稼　秋七月彗星見西北方長竟天

二年癸亥夏六月黃水湧出趙牛河東自季家寨西至潘家店平地水深數尺

四年乙丑春正月太白星晝見　夏秋黃水爲災

五年丙寅六年丁卯連年水災

九年庚午正月十五日雷聲振耳　春無雨　五月二十七日始雨　七月蝗蟲生傷禾稼歲大饑

十一年壬申十二月乙未日重輪抱珥五色翌日如之

十三年甲戌五月彗星見

光緒元年乙亥黃水爲災　秋大饑

二年丙子旱麥歉收歲大饑人民多餓死

三年丁丑歲饑

四年戊寅歲饑

山東省政府印刷局製印

六年庚辰正月黃河冰聚如山近河莊村樹木房屋衝毀者不計其數

七年辛巳夏五月甲子彗星見東北方

八年壬午秋七月彗星見東南方

九年癸未春正月河水漫溢

十一年乙酉夏六月黃河因雨盛漲趙王河玉符河衝決

十三年丁亥趙牛河流域田禾淹沒五月初一日地震　是年黃河水清其淺可涉

十四年戊子夏旱　五月初二日地震　秋飛蝗蔽日疫症流行死者甚衆　冬十一月黃水復來

十五年己丑黃河水溢灝河東岸附近村莊被水患　蝗蝻生
十六年庚寅春旱　秋河決西岸由潘家店以東北下
十七年辛卯正月二十六日午後大風晝晦
十八年壬辰六月雹　七月蝗蝻爲災
十九年癸巳正月二十八日晚黑風自西北至　五月初七日雹傷麥
二十二年丙午蝗蝻傷禾稼
二十四年戊戌正月朔日有食之　六月河西大水
二十六年庚子十月朔日食訖
二十七年辛丑六月初八日風雹大作傷禾稼縣城西北隅女

牆刮去十餘座

二十八年壬寅二月二十四日晨黑風變紅自西北來數刻乃止是年秋疫盛行死亡甚衆

二十九年癸卯蝗蟲食秋禾殆盡

三十年甲辰正月朔大霧四塞十七日地震　二月朔日食

三十三年丁未十月初一日大雷雨

宣統元年己酉春夏旱六月二十九日始雨　冬十一月初二日夜半地震有聲似雷

宣統二年四月二十六日大雨雹　夏彗星見數丈月餘始滅

民國四年蝗蝻生傷禾稼

五年陰歷三月　日黑風自西北來晝晦數刻　六七月間飛蝗蔽日蝻子遍地

六年霪雨爲災河西尤甚

八年陰曆六月蝗蟲生　秋飛蝗蔽日

九年春無雨至陰曆五月二十八日始雨河西一帶秋澇傷禾稼冬大饑河東等處蝗蟲爲災

十年陰曆六月大雨四十餘日黃河水溢房屋倒塌禾稼淹沒河西尤甚

十一年陰曆七月十六日辰刻莊家莊北駱駝山崩十餘丈十

二年歲大豐

山東省政府印刷局製印

十四年廢曆四月初二日晚七點突有黑雲片片游行天空俄而由豐齊鎮東沙河內颶風暴發聲如巨雷細雨淅瀝飛沙走石向東南奔騰寬約五里所過村莊拔木摧屋東荣園黃崖蔡家莊邱家莊朱家莊一帶尤甚東荣園張姓屋傾壓斃二人數分鐘頓成巨災

十五年夏霪雨滂沱三晝夜不止房舍倒塌殆盡雨未息狂風忽過樹木摧斷或拔出風道尤多秋八月太白晝見凡兩閱月乃滅

十六年夏風雨驟作三晝夜木拔禾偃秋歉收

十八年夏奇熱飛蝗爲災

十九年夏秋之交大雨如注平地水深數尺秋禾淹沒

二十年秋大雨傷禾稼

二十一年秋雨爲災天花蟲傷禾稼

二十二年廢曆七月黃河魚由南而北充滿河身大者七八斤十餘斤不等兩日不絕鯛即河水漫溢爲災甚巨

二十三年春三月三十一日午前天氣陰寒忽雨雪農民大恐歉收夏天大旱禾將槁至廢曆六月十四日始雨農民皆喜既而霪雨連綿三月餘晴明天氣不過數日秋半熟

周平王五十一年齊鄭尋盧之盟（左傳）隱公三年杜注盧子姓今濟北國（案）盧卽古盧今在長淸

山東省政府印刷局製印

【乾隆】新泰縣志

（清）江乾達修　（清）牛士瞻等纂

清乾隆四十九年（1784）刻本

災祥第二十五

昔劉向作五行傳一切災沴悉推本於五事其引[illegible]牽合不免附會然而董子固云善言天者必有驗於人其又非影射之論矣舊志所載災祥止於康熙壬戌年今參考郡志增入並訪諸故老無異不敢妄爲附會也

宋乾德丁卯五星聚奎

明成化壬辰饑

宏治壬子大旱饑

正德辛未春流寇攻城陷之

嘉靖甲午雨雹大風拔木

壬寅夏地震秋大水

戊申七月隕霜殺菽

己酉秋大雨雹平地尺許禾盡傷

甲寅饑

庚申旱蝗

隆慶己巳夏雨雹秋暴雨傷禾

萬曆丙子大有年

戊寅生員林遇春屋樑產芝冬大雪深五尺

許

甲申大風拔木禾盡偃

戊子饑

癸巳大水饑

甲午縣署甘露降於雙榆穀雙穗

辛亥夏地震冬除日雷電

甲寅冬地震

乙卯大旱水泉枯八月隕霜殺菽冬大饑

丁巳蝗田禾俱盡

戊午大有年

天啓壬戌二月地震七月大水八月蝗有大鳥

秃鹚食之每食三升餘吐而復食

癸亥春隕霜殺桑麥苗損

甲子夏大水

乙丑蝗

崇禎壬申秋大水

癸酉夏霪雨彌月九月大雪

丁丑春地震秋復震空中藍日無數磨盪飛舞

戊寅八月闕橋街見異獸其色白遂有蝗

庚辰蝗大饑冬、史寇困城大擄掠

辛巳春大旱夏饑

壬午四月大雨雹麥盡傷

甲申夏土人為亂攻城百日幾陷

國朝順治丁亥霪雨圮屋害禾

乙丑九山巨寇破城冬地震

庚寅春夏大旱秋七月霪雨蝗生蝻傷禾

辛卯城中三官廟災延燒

丙申谷里莊麥秀雙岐歲大有年

康熙乙巳春大旱[illegible]奉

旨免本年田租發粟賑濟

丙午秋蝗過境棲樹不食禾

戊申秋趨雹如雷壞屋傷人

甲寅夏二月不雨

乙卯夏隕霜殺麥

丙辰蝗不入境

丁巳文明門旗木出龍冲霄直上

戊午大旱知縣宗之璠請發粟賑濟

己未大饑春雷夏旱秋澇邑侯宗之璠請發漕粟賑濟之

庚申四月雨雹傷麥禾赤地四十里知縣宗

之璠申報奉
旨免本年錢糧若干
壬戌五月甘露降於縣署形如霡霂五日乃
止階下靈芝生
康熙二十八年己巳夏蝗損禾
二十九年庚午夏秋蝗損禾奉
旨蠲租一年
三十二年癸酉四月雪夏大水
三十三年甲戌大大有年麥秀雙岐
三十六年丁丑夏大水饑冬春散賑蒞截漕

賑濟

三十七年戊寅大疫

三十九年庚辰大有年

四十一年壬午夏霪雨傷禾大饑發帑賑濟

本年未完錢糧奉

旨蠲免并蠲癸未田租一年

四十二年癸未夏大水饑發帑賑濟奉

旨蠲免甲申田租一年

四十三年甲申六月乃雨秋大熟奉

旨連歉之後民力未復再蠲乙酉田租一年

四十四年乙酉大有年

四十八年己丑大水

五十二年癸巳

萬壽蠲免田租一年

五十五年丙申大水

五十八年己亥秋旱十月地微震

五十九年庚子秦安有童謡云鹽蝙蝠來穿草鞋遂有鹽徒曹龍章等據徂徠山聚衆爲掠巡撫李樹德剿撫兼施乃定是年大旱

六十年辛丑旱蝗

雍正元年春正月地微震夏旱蝗無麥四月雨雹

饑八月黑風晝晦旱蝗

三年乙巳春二月庚午五星聯珠日月合璧

七年己酉春三月庚午甘露降於學宮春隕

霜殺麥

八年庚戌夏六月霪雨田廬被淹大饑奉

旨蠲免山東庚戌年丁地銀八十萬本縣兩次免銀

三千一百八十二兩零

九年辛亥大水傷禾

十年壬子旱秋乃稔

十二年癸丑蝗不入境大有年

乾隆二年丁巳旱無麥秋乃稔十月天鼓鳴星隕

九年甲子四月雨雹傷麥

十三年戊辰春大饑疫奉

旨蠲免本年丑賦發帑賑濟

十六年辛未四月

聖駕南巡駐蹕公家莊奉

旨蠲附道三里内田租

十七年壬申大有年

十八年癸酉大有年

十九年甲戌大風拔木三晝夜始息

二十三年戊寅三月雨雹傷麥

二十四年己卯夏蝗不爲災秋大熟

二十六年辛巳大有年

二十九年甲申大有年

三十年乙酉雨雹傷麥

三十四年己丑大有年

三十七年壬辰八月恒星晝見

四十一年丙申冬大雪深五尺許

四十二年丁酉秋旱無麥

四十三年戊戌

皇太后八旬萬壽奉

旨蠲免丁地錢糧

四十四年己亥大有年

四十六年辛丑大有年

张梅亭、王希曾纂修

【民國】萊蕪縣志

民國七年（1918）修民國十一年（1922）鉛印本

萊蕪縣志卷之二十二

大事記

壬申 周桓王十一年魯侯會齊侯於嬴

甲申 二十三年牟人朝於魯

丙寅 惠王二十二年魯公孫茲娶於牟

癸丑 匡王五年魯侯會齊侯于平州

丁巳 景王元年吳季札使齊反其長子死葬于嬴博之間

孔子曰延陵季子吳之習於禮者也往而觀其葬焉其坎深不至於泉其斂以時服既葬而封廣輪揜坎其高可隱也既封左袒右還其封且號者三曰骨肉歸復于土命也若魂氣則無不

濟南啓明印刷社承印

之也而遂行孔子曰延陵季子之于禮也其合矣

辛丑　敬王二十年夏魯侯會齊侯于夾谷

丁巳　三十六年魯侯會吳伐齊克博至于嬴

癸丑　顯王元年趙侵齊取長城

孟子自齊葬於魯反於齊止於嬴

丁丑　赧王二十一年嬴博之間地拆及泉

戊戌　漢高帝四年灌嬰敗田横之師於嬴下

辛未　孝武皇帝元封元年夏四月封泰山禪肅然

癸卯　孝昭皇帝元鳳三年春正月泰山有大石自起立（即萊蕪冠山）

丙戌　世祖光武皇帝建武二年泰山太守陳俊大破張步於嬴

丙辰 建武中元元年夏四月赦復嬴博梁父奉高勿出今年田租芻稾

乙酉 肅宗孝章皇帝元和二年赦復博奉高嬴三縣無出租賦

桓帝時以范冉一作丹爲萊蕪長

丙申 永壽三年以韓韶爲嬴長

己丑 晉世祖武帝泰始五年大水

丁酉 咸甯三年以羊祜爲南城郡侯

乙卯 惠帝元康五年夏六月雨雹大水

戊子 宋文帝元嘉二十五年魏太平眞君九年 饑

辛卯 宋元嘉二十八年魏正平元年 春燕集於林木

甲申 陳天嘉五年齊河清三年周保定四年 大水饑

丁亥 唐太宗文武皇帝貞觀元年夏大旱詔蠲其租賦

辛亥 高宗永徽二年大水

戊辰 總章元年旱大饑

己亥 中宗皇帝嗣聖十六年召萊蕪令黃嗣立爲鳳閣舍人

乙卯 玄宗開元三年夏六月蝗

丙辰 四年夏蝗

乙丑 德宗皇帝貞元元年夏蝗飛蔽天旬日不息食禾稼草木葉及畜毛皆盡餓殍枕藉

甲辰 僖宗皇帝中和四年武甯將李師悅與尙讓追黃巢至瑕邱敗

之巢走狼虎谷爲其甥林言所殺

狼虎谷在縣西南降寇莊

宋太宗召萊蕪尉雷有終爲大理寺丞

己酉 眞宗大中祥符二年大水

辛酉 神宗皇帝元豐四年以吳居厚爲京東轉運使開萊蕪利國二
鐵冶

居厚殘虐民不聊生至相聚邀擊欲投之冶爐居厚遁而得免

乙丑 八年復以鮮于侁爲京東轉運使

熙甯末侁已嘗爲京東轉運使至是居厚貶復用之即奏罷萊
蕪利國兩冶萊人大悅

濟南啓明印刷社承印

丙子 甯宗皇帝嘉定九年金郝定稱帝於山東攻萊蕪侯摯討殺之

壬申 元世祖文武皇帝至元九年淫雨汶水溢漂沒田廬無算

乙未 成宗皇帝元貞元年大水

甲寅 仁宗皇帝延祐元年三月霜雪三日

丙寅 泰定帝泰定三年饑詔免本縣田租之半

戊辰 文宗皇帝天歷元年大水

庚午 至順元年饑詔有司賑之

癸酉 順帝元統元年饑

丙戌 至正六年大饑地震七日乃止

丁亥 七年地震有聲如雷

戊戌 十八年地裂大饑死者枕藉

己亥 十九年蝗

癸卯 二十三年旱

己酉 明太祖高皇帝洪武二年免田租

庚戌 三年免田租

癸丑 六年置萊蕪鐵冶尋罷之

丁酉 成祖文皇帝永樂十五年旱蝗

庚子 十八年蒲臺妖婦唐賽兒作亂掠邑境都指揮衛青討平之

丁丑 英宗睿皇帝天順元年饑人相食

癸巳 憲宗純皇帝成化九年晝晦

甲午 十年大稔

甲辰 二十年大旱

乙巳 二十一年地震

丙午 二十二年大饑

壬子 孝宗敬皇帝弘治五年大水饑

甲寅 七年大稔

辛未 武宗毅皇帝正德六年畿內賊劉七等攻陷邑城知縣熊驂主簿韓堺死之

癸酉 八年修萊蕪縣城

己丑 世宗肅皇帝嘉靖八年秋蝗

辛卯 十年蝗

壬子 三十一年大水壞民居禾稼

癸丑 三十二年大饑民相刦掠行旅不通

戊辰 穆宗莊皇帝隆慶二年大水漂沒東鄉民舍數百間

丁亥 神宗皇帝萬曆十五年蝗

戊子 十六年饑人相食

甲午 二十二年春大饑流民入境者萬計詔開倉賑之

丙申 二十四年秋蝗

甲寅 四十二年冬無雪

乙卯 四十三年春夏大旱汶水絶流宮山火熾八月霜降晚禾盡殺

民饑至剝樹皮斲草節雜糠粃啖之入冬盜起家有斗粟尺布者亦不能保

丙辰　四十四年春大饑人相食縣民逃入徐淮者以十餘萬計詔發帑金十六萬倉米十二萬石賑之五月飛蝗蔽野秋禾一空

丁卯　熹宗哲皇帝天啓七年晝晴雷鳴

庚午　懷宗皇帝崇禎三年五月初二日雨雹自午至未大者如盤平地積深尺餘

己卯　十二年土匪蜂起

羣盜聚於縣西北之香山巡按郭公單騎往撫賊感激流涕願爲良民因立一碣於山間後郭公以事被逮樵牧見碣無不流

湖

庚辰　十三年大饑斗粟數金人相食

辛巳　十四年巨盜史東明以衆數萬犯萊蕪總兵劉澤清大破之於吐子口東明中流矢死餘黨悉平

癸未　十六年清兵至城陷知縣馮守禮訓導張夢麟死之

甲申　十七年二月大風日赤如血邑人殺僞知縣劉復炎秋大稔四月流賊遣復炎至收紳富索饟備諸慘虐五月邑人共殺之既又擒僞令李開芳送軍門斬之

乙酉　清世祖章皇帝順治二年三月黑氣自西北來聲如沸鼎正午忽暗咫尺莫辨大風四起發屋拔木鳥獸鳴噪移時向東南去

濟南啓明印刷社承印

丁亥　四年春大旱七八兩月淫雨冬地震

戊子　五年鄒滕土匪蹂躪邑境

庚寅　七年螟四月雨雹五六月旱秋蝗

雹廣二十餘里香山前尤甚或長如枕圓如磨麥禾糜爛禽獸

多斃樹爲之童

辛卯　八年土寇刼掠邑境知縣葉國臣請兵剿之賊不敢復至

丁酉　十四年大熟

己亥　十六年夏蝗秋螟

壬寅　聖祖仁皇帝康熙元年豁除包荒地

萊蕪數經喪亂比戶流亡荒蕪徧野稅糧責之實在包賠謂之

包荒萊民困於此役顛連無告久矣前邑令申請開除屢經駁斥至是山東巡撫奏萊蕪包荒地一千三百五十四頃零業經察荒臣陳明裴查明題報部行文覆勘復經前撫臣許文秀署撫事布政使周天裔先後兩次題請豁免部議以訂正全書時未經申請開除何日久始稱包荒仍令徵糧催解咨行到臣即嚴檄藩司隨據該司詳稱知縣李延慶不遵照部行以遲延違限呈報經承指名題參部覆議處矣臣仍嚴檄催解而闔邑士民具呈陳告哀控不已臣批行藩司移文濟守道王紀轉委泰安州知州曲允斌履畝清查該縣荒地委如前數包荒非虛似當仍應請豁免以甦民困疏入允行自是萊人如釋重負矣

濟南啓明印刷社承印

乙巳 四年旱詔免本年錢糧

丙午 五年申禁驛馬枉道

萊蕪東連淄川西接泰安搢紳往來多取道縣城原設遞夫三十名馬三十匹應用後往來者以北路比縣城少近十里多由吐子口經過夫馬供應不便明知縣王命說申請禁止尋又以萊邑僻處山陬原無驛站經清山東撫臣蔣題請禁革立碑永遠遵行奉旨允准在案然積弊既久驛吏爲難知縣鍾國義復援引奏案申請禁止而章邱驛卒尹思貴竟以違章指名上控國義憤極申請上憲題參略謂萊邑山陬僻邑僅有里甲馬十二匹驢六匹以供本邑投遞公文押解錢糧之用有驛站銀一

千四百餘兩係協濟各驛前經撫院題禁不許枉道有案詎驛卒尹思貴以急救苦累事將職列告提審自念身爲命官如遇當供之差詭避病鄰上憲飛章揭參罪所甘心今驛卒枉道勒索妄干功令反將卑職列名上告國體蕩然卑職亦何顏面吏居民上乎況章邱向有龍山驛馬三十匹歸併章邱理當供應南北之差與萊邑原不同科今據尹思貴原詞内稱速令萊蕪知縣開驛夫驛站非奉題請誰敢私立何驛卒狂逞若是卑職居官數月毫無補於地方溺職之罪自知難逭今又爲驛卒所告國體王章盡皆掃地祈憲臺恩賜揭參併飭驛卒一以懲卑職一以存朝廷紀綱申上部院坐尹思貴以申訴不實予杖白

甚引差入境之弊遂革

戊申　七年六月十七日地震

庚戌　九年十二月十七日大水

辛亥　十年查萊蕪銅鉛鑛

知縣葉方恆申覆文曰古者禹鑄歷山湯鑄莊山管仲官山以富齊是發坑冶興鼓鑄誠圜流通錢法之至計但古今時勢既異而利害因以不同將欲議其利之所興必先窮其害之所□□卑職受事三年山川土俗頗經考證查萊蕪志所載鑛山注云在縣西北三里古產鐵今無又陰涼山注云舊志名銅冶山一統志俱今名在縣北三十里古產銅今無此係官版志書現

在可據是知地中神物或有或無總未可定萬一官給資本工役重費之後竟無所得靡費錢糧從何賠補此一可憂也管仲女閭七百招致他邦游手吳王濞有豫章銅山集天下亡命遂啓亂萌當時祇圖富强不遑他顧方今海内一統正宜遏防務本以致昇平萬一輕開徵逐之端將使良民反傷農業况邇者嚴行保甲一夫面目可疑鷩相盤訊尚且盜案蔓延官司救過不給若産銅鉛之處悉在窮谷深山所集鑛夫率皆奸商亡賴一聚之後散之實難儻或伏莽發機𨫼𨨏鍬鑁無非凶器燎原貽悔恐非獨有司之責此二可憂也現行功令尤重逃人挨戸詰姦尚虞漏網鑛役既起所在山林皆是予以潛蹤之地烏合

廠至官司何由覺察此三可憂也利之所萃奸人走死如騖採淵冒刃咸所不辭而況鑛徒貪暴必且負險盜竊越境鬬爭小者挺搏互傷大或揭竿倡亂此四可憂也又五行之理金實生水山東諸泉咽喉漕運而萊邑泉源四十有六載入經制萬一挖傷山脈母氣洩而子氣耗竭泉流不足以濟運國家根本之計有誤咎將誰執此五可憂也夫按籍開採即使銅鉛隨地湧出用之不竭亦不過轉輸爐局接結寶源爲利有限而可憂重大如此伏祈憲臺權衡得失轉詳入告所裨國計民生非淺鮮矣緣奉仰查開採銅鉛有無累民事宜爲此合行將前由開册具申伏祈照詳施行

壬子 十一年正月初二日夜大雨震電樹折鳥雀多死六月十八日飛蝗蔽天越二日蝗飛向西北去不成災

立同善會

明無錫高忠憲公創爲同善會本朱子義倉之意而推廣之萊邑侯方恒液萊倣行之有規約若干條一時稱爲善政孫文定公廷銓高侍郎珩山東巡撫張鳳儀提督楊捷皆爲之序

建正學講院

癸未 四十二年大水特遣官賑濟蠲緩錢糧

己丑 四十八年鄉民邢殷同妻一產三男

己亥 五十八年旱

濟南啓明印刷社承印

辛丑 六十年旱蝗

壬寅 六十一年旱無麥

癸卯 世宗憲皇帝雍正元年風異

戊辰 高宗純皇帝乾隆十三年大疫

辛未 十六年淫雨汶水漲蠲緩有差

甲戌 十九年六月大水

戊寅 二十三年風異

丙午 五十一年大饑

癸未 宣宗成皇帝道光三年汶源書院落成

甲午 十四年大饑

乙未 十五年淫雨傷稼

丙申 十六年淫雨傷稼

辛丑 二十一年二月大雪

丁未 二十七年汶水溢漂沒田廬無算

辛亥 文宗顯皇帝咸豐元年秋大疫

戊午 八年飛蝗蔽野食草及木葉殆盡不成災

己未 九年春地震旱秋大熟

庚申 十年練民團

先是捻匪數十萬蔓延數省所在殺掠是年九月賊竄新泰烽煙逼近共議練團結寨以自保衛

濟南啓明印刷社承印

辛酉 十一年捻匪大至民團潰於范家莊邑庠生孟國僑等死之捻匪數十萬由濟甯北竄二月十一日至范家莊孟國僑率民團禦之與賊距溝而陣初賊至不過數千已而大股奄至民團遂不能支死傷大半國僑與胥吉泰等皆力戰死餘衆爲鬪陣以槍礮向外且戰且卻薄暮始潰圍出賊由吐子口東竄博山之防青石關者亦潰十四日始全數出關去城北一帶悉遭焚掠八月賊大股又至十月賊復由邑北境西竄計是年賊入境凡三次

壬戌 穆宗毅皇帝同治元年八月大疫

癸亥 二年正月十三日大雪雷電交作二月風異三月捻匪入境

丁卯 六年五月捻匪入境

是年麥早熟避難者賴以不飢

庚午 九年正月初三日雷雨

乙亥 德宗景皇帝光緒元年秋大風傷稼

丙子 二年春大旱汶水竭

丁丑 三年旱

丁亥 十三年三月隕霜殺麥

戊子 十四年四月地震訛言寇至秋淫雨傷稼

己丑 十五年鄉民徙往山西陝西者萬餘家秋大疫

自是西徙者絡繹不絕

一濟南啓明印刷社承印

庚寅 十六年五月雨雹

辛卯 十七年五色蟲害稼

壬辰 十八年冬苦寒樹多凍死井底冰

癸巳 十九年苦暑人多熱死冬無冰

乙未 二十一年二月大雪

丙申 二十二年冬大雪壓樹枝盡折松柏皆童

乙亥 二十五年五色蟲害稼

壬寅 二十八年秋大疫

癸卯 二十九年隕霜殺麥閏五月二十七日巳時地震十二月十八日地復震

丙午 三十二年蝗不成災立高等小學堂

戊申 三十四年七月二十三日夜大雨汶水溢漂沒二百餘村人民溺死無算

己酉 宣統元年五色蟲害稼

庚戌 二年三月十九日大霧北風竟日桑麥俱凍四月二十六日雨雹長六十餘里闊十餘里麥禾糜爛禽鳥多斃樹爲之童屋瓦盡毁魯西一帶雹災尤重

設議事會

濟南啓明印刷社承印

李锺豫修　亓因培等纂

【民國】續修萊蕪縣志

民國二十四年（1935）鉛印本

續修萊蕪縣志卷之三

輿地志

災祥

丁丑 周赧王二十一年嬴博之閒地拆及泉

癸卯 漢昭帝元鳳三年春泰山萊蕪山南洶洶似數千人聲視之有大石自立高丈五尺四十八圍

己丑 晉武帝泰始五年大水

己卯 惠帝元康五年夏六月雨雹大水

永康二年四月彗星見齊分

癸亥 哀帝興寧元年秋八月有星孛於角亢

濟南齊成印務局承印

戊子 宋文帝元嘉二十五年 魏太平眞君九年 饑

辛卯 宋元嘉二十八年 魏正平元年 春燕巢於林木

甲申 陳天嘉五年齊河清三年周保定四年 大水饑

丁亥 唐太宗貞觀元年夏大旱詔蠲其租賦

辛亥 高宗永徽二年大水

戊辰 總章元年旱大饑

乙卯 玄宗開元三年夏六月蝗

丙辰 四年夏蝗

乙丑 德宗貞元元年夏蝗東至海西盡河隴羣飛蔽天旬日不息所至禾稼草木葉及畜毛皆盡餓殍枕藉

己酉 宋眞宗大中祥符二年大水

壬辰 理宗紹定五年閏九月彗星出於角

壬申 元世祖至元九年淫雨汶水溢漂沒田廬無算

乙未 成宗元貞元年大水

甲寅 仁宗延祐元年三月霜雪三日

戊辰 文宗天曆元年大水

庚午 至順元年饑命有司賑之

癸酉 順帝元統元年饑

丙戌 至正六年大饑地震七日乃止

丁亥 七年地震有聲如雷

濟南華東印務局承印

戊戌 十八年地裂大饑死者枕藉

己亥 十九年蝗

癸卯 二十三年旱

丁酉 明成祖永樂十五年旱蝗

丁丑 英宗天順元年饑人相食

癸巳 憲宗成化九年晝晦

甲午 十年大稔

甲辰 二十年大旱

乙巳 二十一年地震

丙午 二十二年大饑

壬子 孝宗弘治五年大水饑

甲寅 七年大稔

己丑 世宗嘉靖八年秋蝗

辛卯 十年蝗

壬子 三十一年大水壞民禾稼

癸丑 三十二年大饑民相刼掠行旅不通

戊辰 穆宗隆慶二年大水漂沒東鄉民舍數百間

丁亥 神宗萬曆十五年蝗

戊子 十六年饑人相食

甲午 二十二年春大饑流民入境者萬計詔開倉賑之

濟南鑄成印務局承印

丙申　二十四年秋蝗

甲寅　四十二年冬無雪

乙卯　四十三年春夏大旱汶水絶流宮山火熾八月霜降晚禾盡殺民飢至剝樹皮剉草節雜糠粃啖之入冬盜起家有斗粟尺布者亦不能保

丙辰　四十四年春大饑人相食縣民逃入徐淮者以十餘萬計以邑人禮科給事中亓詩教奏詔發帑金十六萬食米十二萬石賑之五月飛蝗蔽野秋禾一空

丁卯　熹宗天啓七年晝晴雷鳴

庚午　懷宗崇禎三年五月初三日雨雹自午至未大者如盤平地積

深尺餘

庚辰 十三年大饑斗粟數金人相食

甲申 清世祖順治元年二月大風日赤如血秋大稔

乙酉 順治二年三月有黑氣自西北來聲如沸鼎正午忽暗咫尺莫辨大風四起發屋拔木鳥獸鳴嗥移時向東南去

丁亥 四年春大旱七八兩月淫雨冬地震

庚寅 七年螟四月雨雹五六月旱秋蝗雹廣二十餘里香山前尤甚或長如枕圓如磨如拳者不可勝計麥禾糜爛禽獸多斃樹爲之童

丁酉 十四年夏恆雨麥大熟汶河生魚七月穀有雙穗歲大稔

己亥十六年夏蝗秋螟

甲辰康熙三年四月鄰縣皆隕霜麥萎萊境獨無

乙巳四年春旱麥盡稿詔免本年錢糧發內帑賑濟闔縣飢民數千每名銀四錢

戊申七年六月十七日地震

庚午九年十二月十七日大水

壬子十一年正月初二日夜大風雨雹電樹折鳥雀多死六月十八日飛蝗蔽天從東南來止邑之顏莊厚三尺闊三里長不可勝計十九日益集知縣葉方恆出示捕之復繕文禱於八蜡之神翌日蝗皆向西北去竟不成災

癸未 四十二年大水

己丑 四十八年鄉民邢殿同妻一產三男

己亥 五十八年旱

辛丑 六十年旱蝗

壬寅 六十一年旱無麥

癸卯 雍正元年風異

庚戌 八年六月淫雨河決沙灣口田廬被淹

戊辰 乾隆十三年大疫

辛未 十六年淫雨汶水漲傷壞田禾無算

甲戌 十九年六月大水

濟州齊成印務局承印

戊寅 二十三年風異

丙午 五十一年大饑

甲午 道光十四年七月大風大饑

乙未 十五年霪雨傷稼大饑

丙申 十六年霪雨傷稼大饑

辛丑 二十一年二月大雪

丁未 二十七年大水

辛亥 咸豐元年秋大疫

戊午 八年飛蝗蔽天食草及木葉殆盡禾稼無恙竟不成災

彗星見

己未 九年春地震旱秋天熟

庚申 十年冬大雪

壬戌 同治元年八月大疫

癸亥 二年正月十三日大雪雷電交作二月風異

庚午 九年正月初三日雷雨

乙亥 光緒元年秋大風傷稼

丙子 二年春大旱汶水竭大饑斗穀千錢

丁丑 三年旱饑

壬午 八年八月彗星見

丁亥 十三年三月隕霜殺麥

濟南啓成印務局承印

戊子 十四年四月地震訛言寇至秋淫雨傷稼

己丑 十五年斗穀千錢飢民就食山西陝西者無算秋大疫

庚寅 十六年五月雨雹

辛卯 十七年七月五色蟲害稼

壬辰 十八年冬酷寒樹多凍死井底冰

癸巳 十九年夏酷熱人多熱死冬無冰

丙申 二十二年冬大雪壓樹枝盡折松柏皆童

乙亥 二十五年秋七月五色蟲害稼樹爲之童

庚子 二十六年四月太白晝見

壬寅 二十八年秋七月大疫

癸卯 二十九年閏五月二十七日巳時地震

十二月十八日酉時地震有聲

丙午 三十二年六月飛蝗蔽天禾稼無恙

戊申 三十四年七月二十三日夜大雨汶水溢漂沒二百餘村人民溺死無算

己酉 宣統元年春旱七月五色蟲害稼

庚戌 二年春旱三月十九日大霧朔風竟日桑麥俱凍四月二十六日雨雹長六十餘里廣十餘里麥禾糜爛禽鳥多斃樹爲之童屋瓦盡毀魯西一帶雹災尤重

辛亥 三年元旦大雨滂沱雷鳴

民國

癸丑　二年春隕霜殺桑秋虸蚄傷稼

乙卯　四年秋八月飛蝗蔽天

丙辰　五年三月初五日黑風異龍潭水涸六月大旱蝗蟲害稼

丁巳　六年自五年九月無雨至本年五月中旬得雨始耕秋飛蝗遍野蝝生冬無霜牛疫

戊午　七年秋淫雨傷稼冬大疫

己未　八年七月二十三日蝗蝻大至弭月無雨

庚申　九年五月初六日大雨雹

戊辰　十七年五月二十三日大雨雹秋七月七日風雨傷稼

庚午 十九年四月十一日大雨雹

辛未 二十年六月二十八日地震

甲戌 二十三年春三月十二日晚八鐘東北山上一帶突有火光長數丈高丈餘至九鐘未熄城鄉見者甚衆五月下旬連數日酷熱甚至一百一十度居民多熱死者

濟南齊魯印務局承印

續修萊蕪縣志卷三終

【道光】章邱縣志

（清）吳璋修　（清）曹楙堅纂

清道光十三年（1833）刻本

災祥

漢文帝七年十一月戊戌土木二星合於危

安帝元初三年正月丁丑東平陵樹連理

延光三年二月戊子濟南上言鳳皇集臺縣丞霍

收舍樹上

晉惠帝永寧元年七月歲星守虛危二年十月熒惑

太白闘於虛危

元帝大興四年壬辰枉矢出虛危

安帝義熙二年十二月丙午月奄太白在危

穆帝升平五年正月乙丑月在危宿奄太白

宋武帝永初三年二月辛卯有星孛於虚危

文帝元嘉十三年七月甲戌濟南朝陽王道獲白

兔青州刺史段宏以獻

北齊天保中廣宗有馬兩耳間生角如羊尾

隋文帝開皇十四年十一月癸未有彗星孛於虚危

唐高宗永隆元年九月濟南大水

文宗開成元年二月丙午有彗星在危

宋太宗淳化二年十一月壬辰填星與熒惑合於危

仁宗慶歷五年六月流星過虚危

神宗元豐元年河溢壞官民廬舍

金世宗大定十六年旱蝗

章宗明昌三年旱饑四年大有年

衛紹王大安三年大旱

宣宗興定五年六月戊寅日將出有氣如大道經
丑未歷虛危東西不見首尾移時沒

元成宗十年冬十月饑尚書武鼎來賑

泰定帝泰定二年六月蝗三年夏四月饑免郡縣
租稅

順帝至正六年二月地震七日乃止七年三月地
震有聲如雷

明成化十年大有年

宏治七年有年

正德七年六月黑眚見至冬乃息

十三年大水山水驟發城不沒者三版按察司

僉事錢宏適以公事至竭力賑救之

嘉靖七年飛蝗蔽日

八年蝗秋蝻生

十年蝗

二十九年夏雨雹傷禾

三十七年夏雨雹大風拔木

隆慶五年夏大風雨壞屋拔木麥傷過半

萬歷十八年三月初三日大風晝晦

十九年三月隕霜殺麥

二十一年普集鎮馬生卵旋化爲石按京房云馬生石主邑叛

二十三年夏雨雹下三鄉災

二十五年夏雨雹東錦鄉災七月風傷稼八月

境內水溢

二十六年四月明秀鄉大風拔木五月東錦鄉

河窪莊有蝗傷麥知縣董復亨禱於城隍廟

捕蝗一升者給穀一斗至七月始息晚禾不

爲災

四十三年大饑人相食

天啟七年大水泛溢城門圮東南郭外民舍漂没

殆盡

崇禎五年大水

十年牛疫秋蚜蚄生

十三年大饑人相食南山土寇嘯聚行刦巡撫

遣兵討平之

國朝順治四年雨雹傷稼秋霪雨四十餘日

六年牛疫

九年霪雨傷麥

康熙三年夏隕霜殺麥

四年大旱蠲免本年田租

七年六月山水驟發傷禾稼附近居民溺死者七十餘人蠲免田租十分之一

十一年秋旱蝗

二十一年五月旱淯濼二河俱涸六月大雨水溢

二十五年五月飛蝗布天經七日夜南山稼傷

二十六年七月霪雨四十日民舍傾圮千餘間

四十三年夏大饑秋大疫

四十八年有年　文廟鐘鼓自鳴

五十三年大有年

六十一年夏湆河涸

雍正元年夏大風

五年麥兩岐大稔

七年穀三穗大有年　文廟鼓自鳴

八年六月大水浸城民居圮秋地震

九年夏大饑賑邺

乾隆五年夏無蠅秋大有年

八年六月暑暍冬彗星見

十年冬大雪

十二年冬流星墜地有火光聲如雷

十四年穀三穗

十八年夏蝗生不爲災

十九年有年

三十三年秋霪雨傷稼

三十八年饑

四十四年饑

五十年秋大饑

五十一年大有年

五十三年麥秀二岐

五十六年夏旱秋饑

六十年秋虸蚄生饑

嘉慶六年夏大旱

七年秋八月二日雨雹

八年秋飛蝗蔽日

九年夏蝻生

十年夏大旱

十一年春二月大風晝晦

十五年夏六月雨雹傷稼饑

十六年春正月十七日大風晝晦秋饑

二十一年夏六月霪雨

道光元年日月合璧五星連珠

二年夏雨雹秋霪雨四十餘日傷稼

三年秋七月不雨

四年春三月十四日始雨

五年秋九月二十日雨霰立冬後一日雷電

六年春正月晦地震有聲二月丁丑夜暴風雨

壬巳卯夜始息夏五月不雨穀貴六月井涸
秋七月柿園泉西桃重實如棗
八年夏麥大有秋秋大熟冬十月牛疫
九年夏麥有秋秋七月蚜蚄生災四分之一冬
十月二十三日丑刻地震有聲
十年夏麥有秋四月二十二日申刻地震
十一年大有年
按舊志災祥門載朱哲宗紹聖三年九月戊
戊日犯歲嫌於章邱無關故刪去

【康熙】寧陽縣志

（清）李溫皋纂修

清康熙四十一年（1702）刻本

災祥

明

崇禎十二年大旱

十三年大旱蝗災斗米三兩父子相食土寇

日熾民饑而死者十之八九

十四年瘟疫流行男女不生羣盜猖獗

十五年冬桃李華臘月十三日大兵屠城

十七年闖寇步騎三百過縣境

國朝

順治元年麥大稔

順治三年蔡寇刼掠西鄉知縣呼中嶽率衙役鄉
　兵禦之典史科起鳳亾於鋒鏑
順治四年堤城堤决城西北兩門水盈尺
順治五年東南山寇於七月望日夜半乘其不備
　陷城
康熙四年大旱民生困𡚁蒙撫院周　題請遣官
　二員發帑銀千餘兩賑濟并蠲本年錢糧
　民得全活
七年六月十七日戌時地震有聲文廟殿災
　官舍民房有震毁者

八年五月二十九日雹災烈風迅雷拔木損
禾自城西北泗高村起至城東南香泗村
止
九年五月城東北周村太古等社雹災
十年四月初三日雹災
十一年夏蝗災
二十一年八月初四日雨雹其大如拳其厚
盈尺來自西北汶上界直至東南滋曲兩
界長約八十餘里濶五十餘里甚者田禾
踏作泥土顆粒不存知縣郭孝通詳各上

臺請蠲雜項差徭上臺批引罪自責足見
愛民至意
三十年三月初四日卯時颶風大作白晝昏
暗拔樹偃禾
三十三年夏蝗蝻連災知縣鄭一麟奉文親
履田畝率領百姓設法捕滅是秋大稔
四十一年六月內霪雨不止汶水泛漲至十
九日汶口諸堤並決水至城下西北兩鄉
田廬淹沒秋收歉薄
又七月初三日戌時東鄉高家店等處大風

由西北至東南拔木飈石民間磙砌吹至空中移時墜地

論曰天道不能有常而無變春秋二百四十二年間災異必書欲其恐懼修省而殄慼可以退舍祥桑可以頓枯也敬天渝而畏民碞者宜有鑒於斯乎

寧陽縣志卷之六終

康熙四十一年秋大水淫雨爲災田禾淹沒知縣
李温皋隱匿不報四十二年春百姓有餓死者
幸
聖天子南巡　總河部院張公諱鵬翮訪聞啓奏我
皇上隨發粟米五千石揀擇江南清官海州知州陳
諱鵬年來寧賑濟公一到支放得法多寡合宜
民霑實惠又因粟米給散不足仍請別縣銀二
千兩賑濟寧陽饑民賴以生活者萬二千人放
賑至公此爲第一其次惟牛常二人而已因與
當事者不協乃獨遺之今敬補入以示公道更

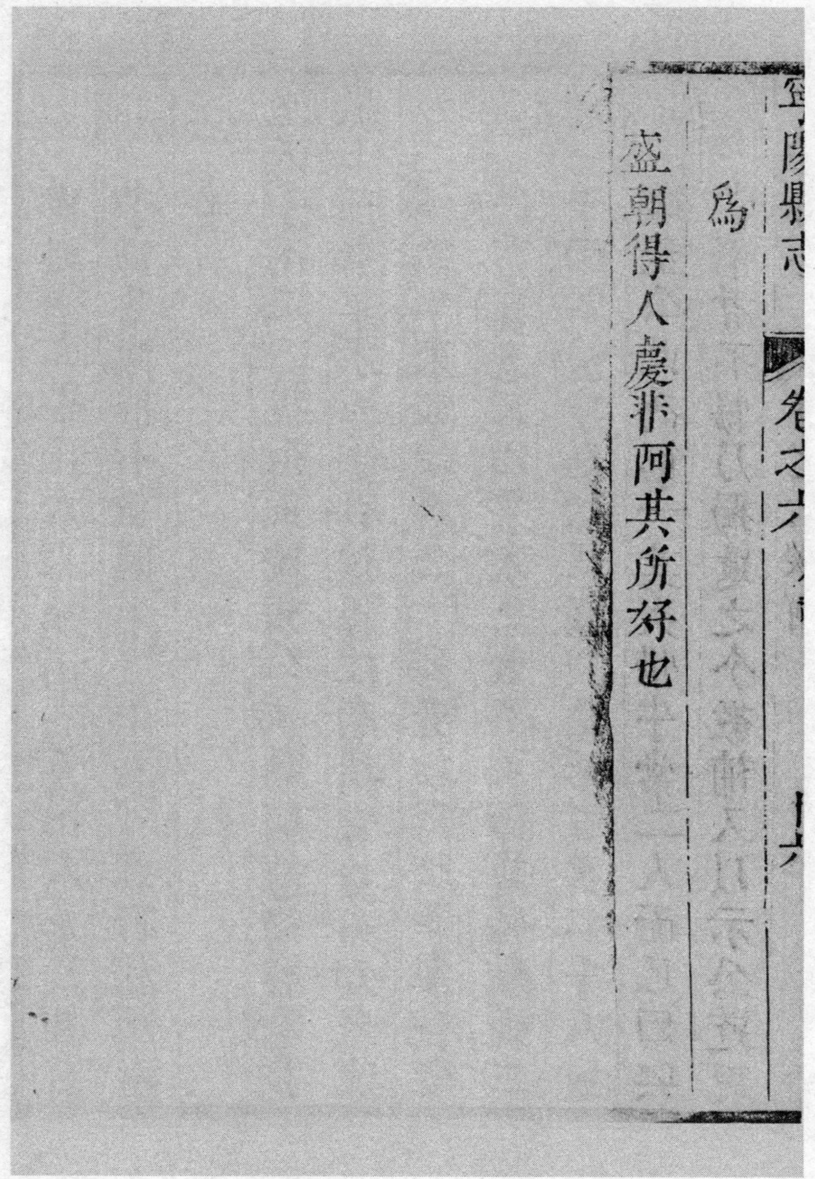

爲

盛朝得人慶非阿其所好也

四十二年五六月又大水田禾淹沒顆粒不存

知縣李溫臯仍不申報隔縣長葳莫敢言災有

鄉紳甯濼曄周仔世劉梓周果劉廷宣苑嵩甯驎生

員于文興石秀瑩于濟芳甯樕齡甯瑜李春華

甯沼甯珩百姓劉起文周卓等

不避禍患齊赴省城具呈告災　撫院王諱國

昌具疏題奏隨蒙

聖天子留漕賑濟仍將四十三四年條銀蠲免闔縣

沾恩原呈附後

呈爲雨災河患田禾盡沒民不堪命事切照寧

邑地瘠衝頻民貧凋瘵豐年猶苦不給凶歲愈難度支去年大水高下衝沒既未邀全赦之恩並未與蒂徵之例此情此苦久在天臺洞鑒中矣何寧邑災孽未滿今歲自春徂夏霪雨聯綿丹烟雹霧相繼播虐早麥糠粃晚麥腐爛且處處谷黍螟蝨風折萎黃殆盡豆禾雖拮据布種泥水難鋤稂莠亂苗復自五月二十日至六月十九日暴雨頻傾汶口屢開高原下隰俱付狂瀾今年被災苦境較之去年更甚去年河決之時將近秋成今則穉禾未穗一水皆空無去年

泛漲決堤朝長夕消今則滔天巨浸半月不涸矣去年二麥薄收至秋始歉今則麥已無成秋復絶望矣去年小民尚有零星器皿可换升合之粟今則四壁皆空立錐無地矣去年貧者固貧富者間有餘粟今則貧者愈貧富者亦貧矣去年常平等倉谷石盈滿小民尚有借貸之望今則顆粒無存民望已絶矣去年荒歉之初尚有榆皮可和糠屑今則榆株伐盡無草可茹矣眼下四野污萊秋收無望竚看白露肅霜之日即流亡餓殍之晨嗷嗷待斃救死無策人情窮

則呼天籲地此闔縣士民不憚公同匍匐以泣

訴也伏乞

憲天大宗師大老爺俯恤輿論哀憫殘黎爲民請命急爲拯援庶幾挽危亡於萬一消災疹於方來而寧邑數萬生灵飽德無疆矣爲此連名公呈

養民大臣

分猷出治之司職官誌悉載矣至凶歲告灾

天子遣大小臣工分地賑濟承

命而來事竣而返雖非司土襲黄實亦牧民周召也民

不得而忘誌可得而遺乎謹將賢良而惠民最深者

附錄

詹事府常壽滿洲鑲白旗人於康熙四十二年寧陽

水災民艱粒食

詔令貴戚大臣養窮民之無告者公奉

命至寧隨取縣令李温皐所查饑民册閲之曰册以實

不以虐以寬不以刻以無告之民爲先不以紳衿情面爲事此救災良法也輒捐貲萬金認養饑民一萬二千五十九口每月給大口糧一斗小口糧五升民間需銀用者即給銀以濟其用其給銀與米必躬必親均平周到求者如雲未嘗拒也既而縣令進曰所養既繁不慮胥役頂換之弊乎且奸民冒領與遺忘重複之弊乎請以饑民姓氏一樣三冊一存縣一存村一存公所每於給銀米時攜三冊對給完則各存之爲彼此互察之法公曰善行之民益感又查民間有地不能耕者三千八十餘畝俱給牛隻籽種使無撇

荒又給民間男婦無衣褲者六百六十九件贖回饑民之賣子女者三百餘名口至喪殯不舉之家見之無不裹瘞也疾苦無醫之子聞之無不周卹也日煑粥門首以濟往來者語縣令暨鄉耆曰災眚之來或神恫于不祀乎捐貲修北閣供神以教民敬又曰災眚之來或民怠于孝弟乎捐貲修激勸亭以興民行計寧邑兩鄉如坊廓社雲山社臨邑社北鄉如太平社古城社新樂社亳戴社馮魚社周村社堽城社堽城屯東鄉如香泗社葛石社南白社南義社龍堽社寧邑共二十九社而公養民至十六社之多窮民何

幸得此福星也公復
命比上之日見民環列哭泣擁道立長生位去思碑對
聯疊疊公謂之曰此
皇上洪恩于何力之有恂恂然不以虛聲爲尚實惠如
此公豪爽清正經綸燦然即古文潞公范忠宣公何多
讓焉故表著之以志不朽
[illegible]年夏霪雨　秋七月汶水大決廬舍稼
木漂沒[illegible]斗米貴如珠榆皮以草子浮萍荇藻民食咸
罄饑者流離哀鴻遍野撫臣　王國昌
上其[illegible]

特恩發帑遣官四員賑養我寧一正紅旗世襲二等阿思尼哈哈番公不小一鑲黃旗佐領加二級石瑞一鑲黃旗刑部員外郎兼管佐領祖良卿一正紅旗佐領增壽共領帑金一萬二千兩星馳効命癸未九月抵境四公見其凋殘流離喟然相謂曰吾輩奉
命來茲期必矢公矢慎毋負厥職遂同縣令李温皐遍歷荒村親詢災戶不漏不濫按月給糧計大口以斗小口五升去城遠者移粟就之自四十二年冬十一月迄四十三年夏五月每員各養饑民三千餘口斯
皇恩大沛民命始甦矣四公曲體

皇仁猶恐一夫不獲於　帑賑額外復輸已貲公公捐
養饑民二千二百七十三口石公捐養饑民二千三
百零二口祖公捐養饑民二千七百零五口增公捐
養饑民二千二百六十七口斯養政盡美盡善民無
遺饑矣一時貧士欣動仰望特告饑于石公石公下
馬揖曰予等奉賑惟民未有養士之
旨然我
皇上崇重斯文吾輩豈過爲固執以虛所請耶爰會三
公醵銀兩米石發儒學教諭戚士琦察明周急斯四
公之養士又無遺矣且爲人代贖共女協貲僧縣令

建棲流所（在北關外七家店）日給錢米以招撫流民時饑饉之餘瘟疫大作四公同縣令檢方施藥給沉疴霍然出遊之頃各命僕纍餅囊錢以從遇老稚饑餒或啖以餅或予以錢裸凍者即招邸所爲置絮以禦寒凡望見顏色莫不忻忻奔列馬前稽首以乞無一不各如其意以去嘗見歲自春徂夏亢旱十旬四公致齋五月十三日虔禱于三義廟當日立沛甘霖秋禾始成非四公至誠感神奚爾爾耶又祖公施衣施食修道路埋枯骨未已旣而石公撿埋遺骸修葺民舍收養棄兒軫恤無告諸政皆日行不倦未易更僕數也歲

十月養政既成將旋復

命邑人咸頌爲四公各進錦屏錦幛萬民衣祝颺其事爲石公立長生位于北閣樹遺愛碑于道左同事縣令李公廉明正直兩年奉查饑口咸競無私遍邑沾惠不忍沒其德亦立生位與常石二公並列三祠焚頂往來觀瞻者曰三公福曜輝映一時眞盛世賢良也固小民戴德愚誠正以表

皇恩簡命得人俾我寧萬禩永感不忘云（石公事績見遺愛碑記）

石公養民遺愛碑記　附　邑人甯之鯨（歲貢生）

公諱瑞字璞菴遼陽人大清名臣光祿大夫浙江

覺石公諱調聲子也性豁達慷慨尚義博詩書好接引人物不喜空談膺

國朝漢軍佐領武功炳著會康熙癸未山東歲饑奉

欽命賑養我寧

皇恩覃敷帑金養活二萬二千五十六口外復傾已囊全活九千二百零八口載在邑乘居常備乾餱置衣服修合藥餌出遇饑者食寒者衣病者療焉時單騎遍境內麥秋不足不給者悉牛種助之春年政成哀鴻盡起由是流離者依然安居樂業而歌堯年矣噫公其贊化育之不及登寧民于仁壽者乎眞可謂上

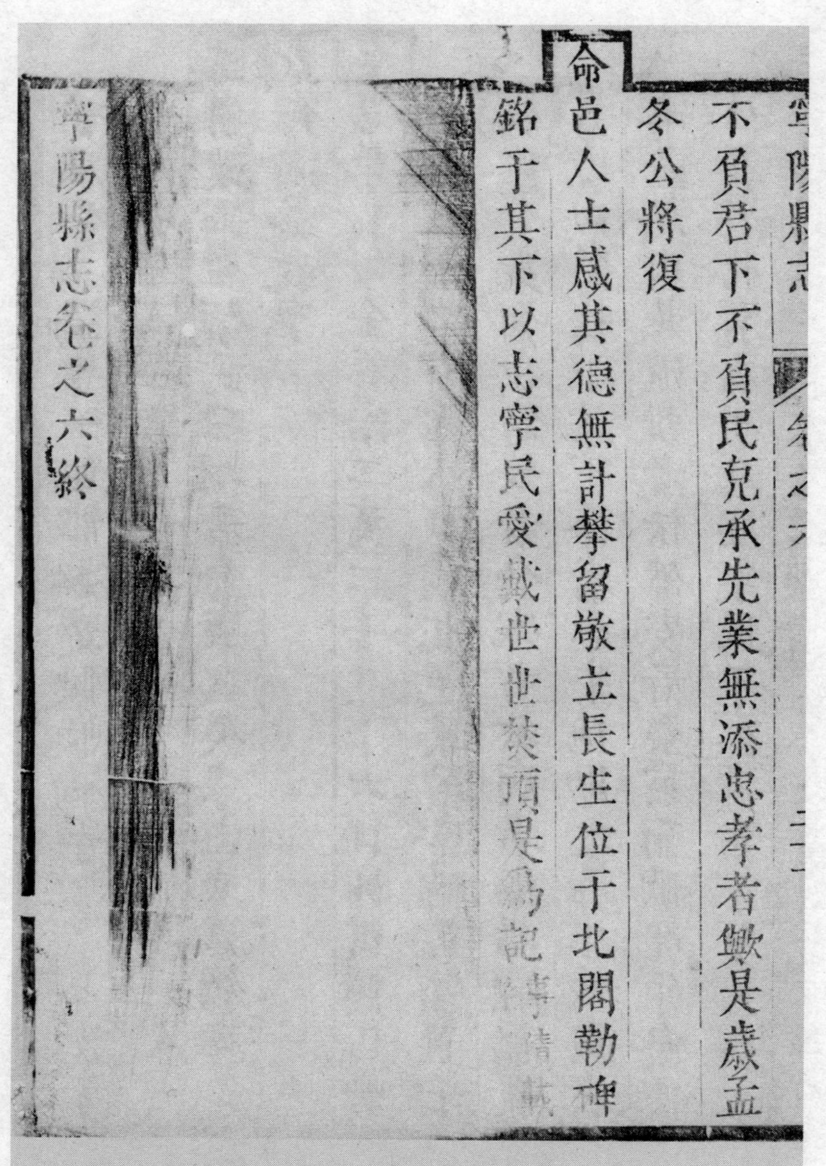

不負君下不負民克承先業無添忠孝者歟是歲孟
冬公將復
命邑人士感其德無計攀留敬立長生位于北閣勒碑
銘于其下以志寧民愛戴世世焚頂是爲記[illegible]

寧陽縣志卷之六終

【光緒】寧陽縣志

（清）高陞榮修　（清）黄恩彤纂

清光緒五年（1879）刻本

灾祥

宋大观二年十月乙巳兖州龔邱縣檜生花如蓮實

明洪武二十七年三月甯陽汶河決明史五行志

天順初年鳳凰鳴於雲山之上

正德六年冬十月河北賊劉六等攻甯陽陷之明史記事本末

萬歷四十三年大旱

四十四年大旱饑遣官賑卹

崇禎十二年大旱

十三年大旱蝗土寇日滋

十四年大疫洊饑斗米萬錢人相食土寇蠭起

十五年冬桃李華十二月十三日

大兵陷城知縣李之庚死之

十七年闖寇步騎三百過縣境

國朝順治元年麥大稔

三年土寇掠西方知縣呼中嶽率兵役禦之弗克典

史种起鳳遇害

四年汶水大漲環城隄決城西北兩門水盈尺

五年七月十五日東南山寇夜半陷城

康熙四年大旱饑奉

旨蠲賑

七年六月十七日地震有聲文廟仆官舍民房有圮者

八年五月二十九日自泗高村至香泗村大雨雹烈風迅雷拔木偃禾

九年五月周村太古等社雹

十年四月初三日雹

十一年夏蝗

二十年八月初四日大雨雹害稼知縣郭孝請蠲雜
項差徭

二十一年八月初八日雹大如鴨卵深尺餘

三十年三月初四日大風晝晦拔木麥盡偃

三十三年夏蝗蝻並生知縣鄭一麟率民撲滅秋大
稔

三十七年大饑

四十一年六月淫雨汶水大漲十九日諸隄並決田

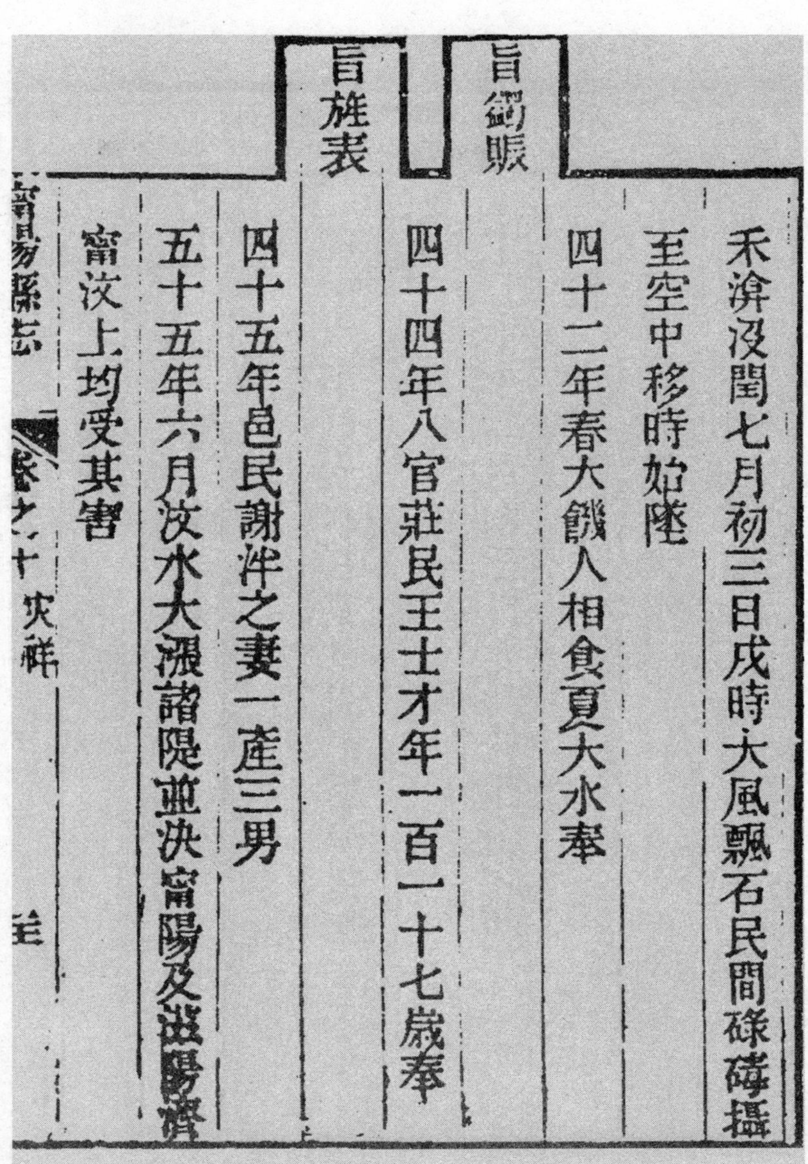

禾滸没閏七月初三日戌時大風飄石民間碌碡攝至空中移時始墜

四十二年春大饑人相食夏大水奉

旨蠲賑

四十四年八官莊民王士才年一百一十七歲奉

旨旌表

四十五年邑民謝泮之妻一産三男

五十五年六月汶水大漲諸隄並決甯陽及滋陽濟甯汶上均受其害

五十七年大旱

五十八年大旱鹽徒竊起

五十九年大旱

雍正八年夏大水石梁口決田廬漂沒奉旨錫賑

十三年十二月初三日產麟於鶴山之麓

乾隆九年蝗

十三年春大饑夏大水

十七年正月鳳凰嶺居民劉廷山家產麟有碑記

二十六年秋七月大水

三十年蝗

三十五年陳家店民孫振宗年一百二歲奉

旨旌表

三十六年夏大水石梁口決

四十二年夏大雨雹

四十九年大旱

五十年大旱

五十一年春大饑斗米萬錢人相食麥秋大稔

嘉慶四年劉家村民劉昌業年一百四歲舉

六年夏大雨雹

七年秋蝻生

八年秋蝗

十年春多雨三月二十日冰凍傷麥

十二年二月十七日夜大風樹多火光

十五年正月十六日大風晝晦然鐙竟日

十七年旱

十八年旱饑

二十年七月八多瘧

道光元年夏寒秋大疫

九年十月二十二日夜地震有聲

十年閏四月二十二日地震

二十一年大旱

二十二年蟲

二十六年五月二十六日六月初二日大霖雨汶水

漲決堤城石梁等口各一百餘丈

三十年春不雨自正月至於五月

論曰史家記灾祥例入五行志蓋自漢儒洪範之學以五事配五行休咎之應捷若影響故曰天人相與之際甚可畏也夫天道遠人道邇以裨竈之智足前知而子產以爲多言或中今日灾不虛生必指某事以實之恐亦有未必然者雖然天之與人非必以情相召而實以氣相感者也老有所養壯有所資幼有所長則謳歌作而和氣生焉和氣充積於下而薰蒸於上天爲所感必降之祥父子不相顧兄弟不相保夫婦不相依則怨讟

興而乖氣生焉乖氣充積於下而薰蒸於上天爲所感必降之灾是以善言天者必有驗於人故曰天視自我民視天聽自我民聽有司牧之責者遇灾修省敬天怒尤必畏民碞哉

續增

咸豐六年旱蝗大饑

十年九月捻匪入甯陽城踞一日東走衙署被焚典史龔紹昌遇害

光緒二年旱大饑無麥禾晚禾有收

三年旱無麥秋大稔

卷十終

（清）左宜似等修　（清）盧崟等纂

【光緒】東平州志

清光緒七年（1881）刻本

東平州志卷第二十五　　志九

五行志序

洪範以五事上應庶徵卽天人感召之機明吉凶消長之理此劉向五行傳所由作也史氏宗其說以立志志家法其義而改名大旨皆不外乎占驗於是旁引曲證雖父子兄弟不能無所牴牾其於敍疇之意果安在哉然而水毀火旱金穰木饑有國者旣宜思患而豫防行政者卽可見微而知著今具錄舊志考證列史參在官之牘黜野史之言求其可信或亦謹嚴之義歟

又元明以前東平向有領縣大抵統轄州郡不徒專紀一方轄車相依覽而知警固不必拘於一城一邑也至於三垣七政非志乘所應載者概從闕如庶不蹈眭孟李尋之失云耳

漢哀帝建平二年報山山脇石一丈轉側起立高九尺六寸旁行一丈高四尺漢書宣元六王傳注與水經注字句小異

建平三年危山土自起覆草如馳道漢書宣元六王傳

章帝建初元年三月甲申東平地震司馬彪續漢書五行志謹案范書章帝本紀作甲寅以太初術推之三月癸酉朔不得有甲寅當從續志

靈帝中平元年夏東平城郭上有草生其莖靡纍腫大

如手指狀似鳩雀龍蛇鳥獸之形五色各如其狀毛羽頭目足翅皆具亦作人狀操持兵弩萬萬備具非但彷佛類似亘實然也應劭風俗通義

晉武帝太康元年三月庚午東平雨雹五月東平又雨雹傷禾麥三豆　二年五月庚寅東平雨雹傷禾稼五年七月乙卯東平雨雹傷秋稼晉書

齊和帝中興二年二月白虎見東平南齊書

唐元宗開元二十年秋東平大水淹没民田舊唐書

憲宗元和六年三月戊戌日晡天陰有流星大如斛墜兗鄆間聲震數百里野雉皆雊所墜之處上有赤氣如

立蛇長丈餘至夕乃滅　十四年二月晝有魚長丈餘墜鄆州市鄆州從事院前地有血方尺餘人以爲自空而墜　七月沂海觀察幕中赤霧高丈餘起門屛間久之方散舊唐書及新唐書曹華傳

穆宗長慶四年鄆大水壞城郭廬舍田稼略盡新唐書

文宗太和四年鄆大水害稼　開成五年夏鄆州及兗螟蝗同上

後唐莊宗同光二年八月大雨河水溢漫流入鄆州界舊五代史

明宗長興二年四月己巳鄆州黃河水溢岸闊三十里

東流 同上

晉高祖天福六年冬十月河決鄆州　九年春左龍武統軍皇甫遇從少帝禦契丹於鄆州北將戰之夕有火光熒熒然生於牙竿之上 同上

出帝開運元年六月河決環梁山入於汶濟是年鄆州饑 五代史

漢隱帝乾祐元年七月鄆州蝝生 同上

宋太祖建隆三年鄆州春夏不雨　乾德二年赤河決鄆州之竹村　三年七月河溢於鄆州　四年四月河水溢損鄆州民田　五年三月五星如連珠聚於奎婁

之次　開寶三年鄆州水災害民田　四年六月河及
汶清河皆溢東平倉庫民居俱壞八月東平風雹　大
年鄆州河決楊劉口宋史
太宗太平興國四年九月鄆州清汶二水漲　七年河
漲淩鄆州城將陷七月鄆州蝗蝻生　端拱元年閏五
月鄆州風雪傷麥　至道二年七月鄆州河決壞城埧
四處同上
真宗咸平三年五月河決鄆州王陵埽　景德四年九
月須城東阿蝗　大中祥符元年八月鄆州獻嘉禾須
城縣民屋生芝鮮潔如畫　四年五月鄆州甘露降

天禧三年六月河抉鄆州至徐與清河合浸城壁不没者四板明年即塞六月復決於西北隅同上

仁宗明道　年廢鄆州土橋渡以避水　皇祐五年七月鄆州禾異畝同穎同上

神宗熙甯元年八月須城東阿地震終日　四年六月丙戌東平河決同上

徽宗大觀元年三月鄆城芝草生　宣和四年東平大旱同上

孝宗淳熙元年四月東平蝗同上

元世祖中統四年六月東平蝗　至元元年二月東平

旱九月大水　五年六月東平蝗　十七年八月東平
大水　二十五年東平路須城等縣大旱　二十六年
東平霪水害稼二十八年東平饑元史
成宗元貞二年六月須城蝗　大德五年東平水同上
武宗至大元年二月東平大饑　二年四月東平蝗
三年五月東平饑　四年七月東平大水同上
仁宗延祐元年三月東平大雨雪三日隕霜殺桑　六
年六月東平大雨水害稼同上
英宗至治元年七月東平水害稼
泰定帝泰定元年六月東平蝗霪雨漂没田廬　三年

須城蝗　致和元年東平饑雨水害稼同上

文宗天曆三年三月須城饑五月東平蝗同上

順帝元統二年正月須城水四月東平又水　至元五

年六月東平蝗　七年夏東平進瑞麥一莖五穗　至

正二年五月東平路雨雹大者如馬首　四年十二月

東阿陽穀東平地震　五年春須城及東阿大饑人相

食　七年東平饑　十九年須城與東阿萊蕪蝗食禾

稼草木俱盡人相食　二十年二月須城隕霜殺桑

二十一年東平雨雹害稼　二十五年秋須城東平及

平陰河決壞民居禾稼　二十六年十二月東平水同上

明太祖洪武二年東平張秋河決　二十四年河決漫
安山湖明史
英宗正統十三年七月河決沙灣東堤張聰舊志
孝宗宏治五年三月河決黃陵岡淹東平及平陰民田
是年東平大饑
世宗嘉靖三十一年東平水壞民居禾稼　三十二年
東平大饑死者相枕藉行旅不通　三十九年東平蝗
傷禾稼
穆宗隆慶三年七月東平山水泛漲決護城堤禾稼俱
浮民乃饑

神宗萬歷三年東平雨雹如雞子傷麥　三十五年東平水饑　四十三年東平旱大饑

熹宗天啟二年二月癸酉東平新泰地震

莊烈帝崇禎七年正月戊子朔夜東平雷雨大作　十四年東平平陰大疫十一月十六日向夕東平肥城平陰起黑風城上刀戟有火光如星夜半乃滅

國朝順治七年河決荆隆口東平水　八年東平河水爲災九年十年十一年十二年東平皆有河患以上俱張志

康熙四年春東平旱麥盡槁五月東平蝗　六年五月東平大風拔木雨雹傷麥禾　七年六月甲申東平夜

地震有聲城垣民屋俱壞比天明連震十一次七月甲寅復震八月乙卯又震　二十二年東平水　四十二年五月戊午東平州民周起龍妻一產三男是年大水民大饑　四十三年春東平饑人相食　四十六年三月庚辰烈風雨拔木傷稼人畜有凍死者　四十七年夏東平大旱禾盡槁　四十八年夏東平大雨水没田禾　五十年二月丙寅東平烈風有火光傷麥禾　五十一年二月癸亥有暴風自午起色黃如丹忽黑如暗夜復紅如火至戌乃止　五十四年秋大雨水　五十五年夏東平大雨水平地水深二三尺湖地水深五七

尺麥多萎爛秋禾盡没民屋冲壞者無算七月庚申東平州東南閣民孫可芳妻一產三男　五十九年東平旱李繼唐舊志

雍正三年二月庚午日月合璧五星聯珠　八年六月霪雨河决沙灣口東平田廬被淹大饑沈維基舊志

乾隆元年東平大有年　二年東平獲嘉禾一本十五穗　四年河決周家口東平田被淹　九年四月東平蝗　十三年夏東平疫　十六年八月河決冲没掛劍臺東平田廬盡壞　十八年東平州民丁臣妻一產三男　二十三年正月東平雷震　三十一年六月東平

水淹禾稼　三十四年七月甲申東平山水泛漲決城東南二隅流入城中倉廒民屋俱壞　三十五年五月二十三日午後大風揚沙發屋大雨雹至未刻止（沈志）三十八年東平州民侯士俊妻劉氏一產三男（舊續）三十九年二月三日大風晨晦　四十三年夏旱運河水涸　四十六年夏大雨秋河決開封之考城水淹州鄉　四十八年秋旱　四十九年大有年　五十年旱　五十一年春旱饑　五十五年水　五十七年旱

嘉慶元年河決　二年河決州境大水　五年至七年均大有年　八年蝗不爲災　九年水　十年春三月

二十三日隕霜殺麥得雨復蘇　十五年水　十六年旱
十八年旱大饑　十九年水　二十年秋疫　二十一
年水　二十四年水冬大雪
道光元年四月朔日月合璧五星聯珠是年疫　二年
三年大雨水　四年蝗五月大風　五年蝗旱　八年
水　九年水十月二十二日地震　十年閏四月二十
二日地震八月水　十一年大雨雹水　十二年水
十三年水冬大雪　十五年春旱秋蝗　十六年水
十七年蝗　十九年水　二十年六月大雨水汝泗河溢
二十二年大有年　二十三年水　二十四年秋水

二十五年秋大水　二十六年大雨害稼　二十七年六月大雨水　二十九年春大雨雹　三十年秋河決豐縣東平大水

咸豐元年秋末雷雨交加害稼　豐北口決東平大水害稼　二年秋大雨水十一月六日地震十二月大雪

三年三月雨雪寒甚初八日子刻地震　四年秋水

五年河決銅瓦廂東平田廬盡壞　六年旱蝗爲災秋無禾　七年春大饑人相食夏麥大熟　九年秋水害稼　十年水　十一年秋水八月日月合璧五星聯珠

同治元年水　二年水　三年至七年西南鄉均水

八年西北兩鄉水　九年西南兩鄉水　十年西北兩鄉水　十一年西南兩鄉水　十二年水　十三年西鄉水

光緒元年旱　二年旱　三年微旱　四年春旱民大饑二月大風九月大雨傷禾稼

〔嘉慶〕平陰縣志

（清）喻春林撰　朱續孜編纂

清刻本

災祥

明

天順元年蝗

二年復蝗

弘治四年大旱民饑

五年張秋河決大水没民田

七年八年歲大熟

正德二年冬雨雪深三尺

三年歲大熟

七年蝗害稼

嘉靖二年春黑風暴雨木拔地震是歲大旱

三年春民大饑

六年七年大蝗

萬歷三十八年蝗歲大饑

四十三年旱蝗

四十四年太白晝見白氣亘天

四十六年彗星夜出亘天累月始息

天啟二年地震白蓮教起平陰震動城守

七年大水渰没西南鄉

崇禎二年大水

三年大熟

八年八月飛蝗蔽天害稼

十一年冬月大風累月不止

十三年黃風大作冬月土寇蜂起四鄉焚刼殆盡城守兵器皆有火光如炬瘟疫盛行彼此不能相顧人損大半

十四年大饑斗米千錢瘟疫復熾旱蝗

十五年大熟
十六年城南三里莊土裂寬一尺深三尺直至十
樓村約二里許尋城陷人死傷八九

國朝

順治元年大有年
七年大有年十月初一日荆隆決水由張秋來寬
四十里餘城外平地深四五尺城中井俱溢出連
兩四十日至十四年退復故道　詔賑䘏
康熙元年大有年

二年大有年

三年四月十二日隕霜凍麥

四年二月初四日夜地震大風四月隕霜凍麥

五年二月十一日大風四五月大旱麥枯

六年大有年

七年六月十七日地震有聲地裂七月甲寅復震

八月乙卯又震

九年大有年

十年虸蚄食穀五色虫食豆

十一年二月初二日大雨雪水氷屋瓦墻壁皆成琉璃三日方觧七月蝗虫作秋禾未盡登秫方結苞大霧不實

雍正三年二月庚午日月合璧五星聯珠

乾隆元年城東平地落地方産嘉禾一本十五穗

二年大有年

十二年六月大雨晚禾被淹　詔賑恤

十六年八月黃河水溢潰入淸河沿河民居盡被漂沒西北一帶禾稼盡傷居民附樹爲巢不火食

者二十餘日賴 邑侯胡公覔船多方救渡給散
飯食全活甚衆復蒙 詔賑濟蠲緩
十五年八月初二日夜雷雨西門外清涼院殿前
有古楊一株忽火自幹出因而全枝俱燃雨益急
火益熾光若萬盞金燈歷歷可數至辰刻雨止火
息
二十六年秋河溢田禾被淹 詔緩錢糧
四十九年二月大風拔木
五十年大旱 詔免錢糧發銀米賑濟

五十六年三月二十六日隕霜凍麥盡槁數日徧發新苗麥不減收萬民懽慶

嘉慶元年大有年日月合璧五星聯珠

二年平陰穫嘉禾一本十五穗

九年九月黃河水溢十月初三日至平陰城北近河鄉村麥禾盡沒於水　詔賑濟蠲緩

十二年三月十二日酉時暴風色紅如火忽黑暗如夜至半夜止

(清)李敬修纂修

【光緒】平陰縣志

清光緒二十一年(1895)刻本

災祥

元

至大三年雨雹

至正四年七月大水饑　十二月地震

七年地震河水動搖

二十五年河決壞民居禾稼以上據府志補

明

天順元年蝗

二年復蝗府志作四年

弘治四年大旱民饑

五年張秋河決大水沒民田府志云河決黃陵岡

七年八年歲大熟

正德二年冬大雪深三尺

三年歲大熟

七年蝗害稼

嘉靖二年春黑風暴雨木拔地震是歲大旱

三年春民大饑

六年七年大蝗

萬歷三十八年蝗歲大饑

四十三年旱蝗

四十四年太白晝見白氣亘天

四十六年彗星夜出亘天累月始息

天啟二年地震白蓮教起人心震動城守戒嚴

七年大水西南鄉被淹　太學生趙方曙家教戲師宋傑㦸

鷰數席上簇未成繭變爲黄旗閼長各丈許未幾盜起

崇禎二年大水

三年大熟

八年八月飛蝗蔽天害稼

十一年冬月大風累月不止

十三年黄風大作　冬月土寇蜂起四鄉焚刼殆徧城守兵

器皆有火光如炬瘟疫盛行彼此不能相顧人損大半

十四年大饑斗米千錢瘟疫復熾旱蝗

十五年大熟

十六年城南三里莊地裂寬一尺深三尺直至土樓村約二里許尋城陷人死傷八九

國朝

順治元年大有年

七年大有年　十月初一日荆隆決水由張秋來寬四十餘里城外平地深四五尺城中井俱溢出連雨四十日至十二年退復故道趙貫台河溢詩山城平地作江鄉世幻年來眞叵量樹杪風吹舟葉葉岡頭雪湧鶩行行漫勞

部吏築隄堰枉向侯疆問稻粱清淺蓬萊誰眼見只今桑土
變瀛荒　又登廟山觀黃河水勢憑虛極目冷霜葭浩淼瀾
光映日斜浦口秋聲吹瓠子山腰春浪滾桃花海門直下波
千里梓社平淹戶萬家何日元圭稱底定還看鴈影落汀沙

康熙元年大有年

二年大有年

三年四月十二日隕霜凍麥

四年二月初四日夜地震大風　四月隕霜凍麥

五年三月十一日大風　四五月大旱麥枯

六年大有年

七年六月十七日地震有聲地裂七月甲寅復震八月乙卯
又震

九年大有年

十年蚜蚄食穀五色蟲食豆

十一年二月初二日大雨雪水冰屋瓦牆壁皆成琉璃三日方解　七月蝗蟲作秋禾未盡登秫方結苞大霧不實

雍正三年二月庚午日月合璧五星聯珠

乾隆元年城東平地洛莊產生嘉禾一本十五穗

二年大有年

十二年六月大雨晚禾被淹

十五年八月初二日夜雷雨西門外清涼院佛殿前有古楊一株忽火自幹出全樹俱燃雨益急火益熾光若萬盞金燈

歷歷可數至辰刻雨止火息

十六年八月黃河水溢潰入淸河沿河民居盡被漂沒西北一帶禾稼盡傷居民附樹爲巢不火食者二十餘日

二十六年秋河溢田禾被淹

四十九年二月大風拔木

五十年大旱

嘉慶八年衡工漫溢被水災

道光十二年亢旱

十三四兩年少雨井水皆涸民多流亡

十五年五月十一日酉時地震牆屋傾頽南街孫氏樓塌去

一半

咸豐四年流星南飛如雨數夜不止　是年夏雨後屋壁上俱有血點有於野中拾得花豆者形如人頭口目宛然先是粤匪未入東境之先人家竹子開花結實花大如杯色淡白如豉絮識者知爲不祥

五年七月黃河決蘭儀銅瓦廂北徙入大清兩岸民居蕩然

六年飛蝗害稼禾莖並盡

七年春大饑道殣相望麥禾並熟

八年五月地震

十年歲終大雪除夕九峪山前大路有灯燭光萬數絡繹北行若流離遷徙狀至來春二月捻寇至

十一年春有兵　八月朔五星聚奎

同治三年十一月初旬大雪中旬月離畢末旬又大雪

四年春有兵

六年旱有火災　八月二十四日黄水暴溢沒民居

八年無麥　五月十七日大風

十年多雨河決為災

十三年四月雹傷麥　秋豆大收

光緒二年閏五月十七日雨降始種秫

三年二月有黄風累日多火災

四年九月霪雨浹月

九年七月二十五日霪雨不止夜聞龍門城上雷電風霆徹曉不息城中水深數尺城垣水深亦數尺有臥羊山上者云山上水深亦數尺自山上俯視城關皆在水底衙署民居塌壞無數城垣亦傾倒多處

十三年牛多災　八月十四日河決鄭州南行

十四年春饑　五月初四日申時地震　歲終鄭州合龍黄河復北

十六年五月初二日有暴風雨初八日復雨至六月六日止

十七年三月十四日暴風

十八年六月下旬飛蝗從東北來蝗過後所遺蝻子遍境內

極力撲打旋撲旋生至七月杪漸漸撲滅禾稼不損歲乃有

秋

十九年正月二十六日晡時暴風自西北來陡黑如漆出城

人有誤墜橋下者暗中時流火光着人不熱風聲若萬馬奔

馳孝直里之小李家莊火光撲人家柴堆其家以水潑之火

遂大發延燒十餘家

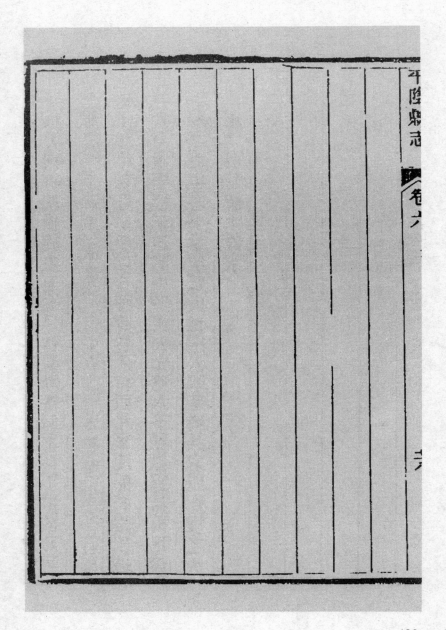

張志熙修　劉靖宇纂

【民國】東平縣志

民國二十五年(1936)鉛印本

災祲

漢章帝建初元年三月甲申東平地震

晉武帝太康元年三月庚午東平雨雹

五月東平又雨雹傷禾麥三比

二年五月庚寅東平雨雹傷禾稼

五年七月乙卯東平雨雹傷秋稼

唐元宗開元二十年秋東平大水淹沒民田

穆宗長慶四年鄆大水壞城郭廬舍田稼略盡

文宗太和四年鄆大水害稼

開成五年夏鄆州及兗螟蝗

後唐莊宗同光二年八月大雨河水溢漫流入鄆州界

明宗長興二年四月己巳鄆州黃河水溢岸闊三十里東流

晉高祖天福六年冬十月河決鄆州

出帝開運元年六月河決環梁山入於汶濟是年鄆州饑

漢隱帝乾祐元年七月鄆州蝝生

宋太祖建隆三年鄆州春夏不雨

乾德二年赤河決鄆州之竹村

三年七月河溢於鄆州

四年四月河水溢損鄆州民田

開寶三年鄆州水災害民田

四年六月河及汶清皆溢東平倉庫民居俱壞

八月東平風益

六年鄆州河決楊劉口

太宗太平興國四年九月鄆州清汶二水漲

七年河漲淩鄆州城將陷

七月鄆州蝗蝻生

端拱元年閏五月鄆州風雹傷麥

至道二年七月鄆州河決壞城堤四處

眞宗咸平三年五月河決鄆州王陵埽

景德四年九月須城東阿蝗

天禧三年六月河決鄆州至徐與清河合浸城壁不沒者四板明年即塞六月復決

於西北隅

神宗熙寧元年八月須城東阿地震終日

四年六月丙戌東平河決

徽宗宣和四年東平大旱

孝宗淳熙元年四月東平蝗

元世祖中統四年六月東平蝗

至元元年二月東平旱九月大水

五年六月東平蝗

十七年八月東平大水

二十五年東平路須城等縣大旱

二十六年東平淫水害稼

二十八年東平饑

成宗元貞二年六月須城蝗

大德五年東平水

武宗至大元年二月東平大饑

二年四月東平蝗

三年五月東平饑

四年七月東平大水

仁宗延祐元年三月東平大雨雪三日隕霜殺桑

六年六月東平大雨水害稼

英宗至治元年七月東平水害稼

泰定帝泰定元年六月東平蝗霪雨漂沒田廬

三年須城蝗

致和元年東平饑雨水害稼

文宗天歷三年三月須城饑五月東平蝗

順帝元統二年正月須城水四月東平又水

至元五年六月東平蝗

至正二年五月東平路雨雹大者如馬首

四年十二月東阿陽穀東平地震

五年春須城及東阿大饑人相食

七年東平饑

十九年須城與東阿萊蕪蝗食禾稼草木俱盡人相食

二十年二月須城隕霜殺桑

二十一年東平雨雹害稼

二十五年秋須城東平及平陰河決壞民居禾稼

二十六年十二月東平水

明太祖洪武二年東平張秋河決

二十四年河決漫安山湖

英宗正統十三年七月河決沙灣東堤

孝宗宏治五年三月河決黃陵岡淹東平及平陰民田

是年東平大饑

世宗嘉靖三十一年東平水壞民居禾稼

三十二年東平大饑死者相枕籍行旅不通

三十九年東平蝗傷禾稼

穆宗隆慶三年七月東平山水泛漲決護城堤禾稼俱浮民乃饑

神宗萬歷三年東平雨雹如雞子傷麥

三十五年東平水饑

四十三年東平旱大饑

熹宗天啟二年二月癸酉東平地震

莊烈帝崇禎七年正月戊子朔夜東平雷雨大作

十四年東平大疫

清世祖順治七年河決荊隆口東平水

八年至十二年東平俱河水爲災

聖祖康熙四年春東平旱麥盡槁五月蝗

六年五月東平大風拔木雨雹傷麥禾

七年六月甲申夜東平地震有聲城垣民屋俱壞比天明連震十一次七月甲寅復震八月乙卯又震

二十二年東平水

四十二年東平水民大饑

四十三年春東平饑人相食

四十六年三月庚辰烈風雨拔木傷稼人畜有凍死者

四十七年夏東平大旱禾盡槁

四十八年夏東平大雨水沒田禾

五十年二月丙寅東平烈風有火光傷麥禾

五十一年二月癸亥暴風自午起色黃如丹忽黑如暗夜復紅如火至戌乃止

五十四年秋大雨水

五十五年夏東平大雨水平地水深二三尺湖地水深五七尺麥多腐爛秋禾盡沒民屋沖壞者無算

五十九年東平旱

世宗雍正八年六月淫雨河決沙河口東平田廬被淹歲大饑

高宗乾隆四年河決周家口東平田被淹

九年四月東平蝗

十三年夏東平疫

十六年八月河決沖沒掛劍臺東平田廬盡壞

二十三年正月東平雷震

三十一年六月東平水淹禾稼

三十四年七月甲申東平山水泛漲決城東南一隅流入城中倉廒民居俱壞

三十五年五月二十三日午後大風揚沙燬屋大雨雹至未刻止

三十九年二月三日大風晝晦

四十三年夏旱運河水涸

四十六年夏大雨秋河決開封之考城水淹州境

四十八年秋旱

五十年旱

五十一年春旱歲饑

五十五年水

五十七年旱

仁宗嘉慶元年河決

二年河決州境大水

八年蝗不爲災

九年水

十年春三月二十三日隕霜殺麥

十五年水

十六年旱

十八年旱歲大饑

十九年水

二十年秋疫

二十一年水

二十四年水冬大雪

宣宗道光元年東平疫

二年大雨水

三年水

四年蝗五月大風

五年蝗旱

八年水

九年水十月二十二日地震

十年閏四月二十二日地震八月水

十一年大雨雹水

十二年水

十三年水冬大雪

十五年春旱秋蝗

十六年水

十七年蝗

十九年水

二十年六月大雨水汶泗河溢

二十三年水

二十四年秋水

二十五年秋大水

二十六年大雨害稼

二十七年六月大雨水

二十九年春大雨雹

三十年秋河決豐縣東平大水

文宗咸豐元年秋東平雷雨害稼是年河決豐北口東平大水

二年秋大雨水十一月六日地震

三年三月雨雪寒甚初八日子刻地震

四年秋水

五年河决铜瓦厢东平田庐尽坏

六年旱蝗为灾秋无禾

七年春大饥人相食

九年秋大水害稼

十年水

十一年秋水

穆宗同治元年东平水

二年至七年州境西南鄉均被水災

八年州境西北兩鄉水

九年州境西南兩鄉水

十年州境西北兩鄉水

十一年州境西南兩鄉水

十二年水

十三年州境西鄉水

德宗光緒元年旱

二年旱

四年春旱民大饑二月大風九月大雨傷禾稼

十四年秋大雨水壞廬舍淹禾稼

十五年春歲大饑人民餓死者甚衆

二十一年河決張家樓州境人民猝不及防水驟至田廬漂沒人民溺死無數

二十四年夏黃清兩河皆決口淹沒田廬水圍城下浸入城中壞城垣毀廬舍數月未涸爲數十年未有之巨災

二十七年夏六月清河在古韓寺決口附近十餘村莊均被災

二十八年秋八月東平州署大堂災東西庫均燬於火

按東平署內大堂五間中三間爲法庭左爲庫房右爲祭藏清康熙三十七年知州謝可英倡修嗣後沈維基周雲鳳陸縉修葺至光緒三年經左宜思重修之後基址宏閎規模宏敞壯萬衆之觀瞻爲一邑施政之所至是不戒於火竟

付焚如民國以來基址雖存迄未修復

民國五年夏蝗蝻爲災

六年春大旱麥苗槁枯秋淫雨

七年夏清河決口數處大水爲災秋大疫

八年春旱麥失收

九年夏四月戊寅東平文廟災大成殿東西廡戟門均付一炬是年旱蝗秋失收歲饑

按東平廟學自宋仁宗景祐五年王文正公始建於城內西南隅元仁宗皇慶二年嚴莊孝公以其狹隘改建於州治東北廟宇宏敞至清中葉垂五百餘年雖隨時修繕不絕頃圮道光五年州牧周雲鳳倡修規模大備光緒二年州牧

左守忠重修視舊制益加閎麗輪奐之觀甲於齊魯至是竟遭回祿大成殿東西廡及戟門同燬於火盡成瓦礫民國十八年即此改建縣立初級中學而廟學遂廢

十年春寒傷麥秋苦雨兼衛清汶兩河決口淹沒禾稼

十一年夏雹暴風傷麥秋九月十二日大雷電

十二年夏雨雹傷麥

十三年秋八月河決黃花寺縣境西南各村莊秋禾盡被淹沒

十六年歲大凶麥受丹災夏苦旱秋旱苗麥收均失收

十七年春民有饑色流亡甚衆

十八年旱自春徂夏亢陽不雨

二十年夏小清河決口水闌城下田禾淹沒

二十二年秋河決灌入縣境西鄉東平紅卍字分會正副會長李海峯趙仲華孫次芳等以災情嚴重公推孫次芳赴省報災黃河水災救濟委員會列東平爲第一等災區

二十三年夏五月酷熱寒暑表熱達一百零五度縣境死百餘人

二十四年春旱夏四月天氣陡熱華氏表達九十度初九日申刻黃風自西北至晝晦如夜發屋拔木繼以驟雨冰雹至酉刻始息

【乾隆】兗州府志

（清）覺羅普爾泰修　（清）陳顧灤纂

清乾隆二十五年（1770）刻本

災祥志

敘曰嘗讀漢史天官五行二書所推合天人之際甚可畏也聖人奉若天道敬授人時璿璣玉衡以齊七政故有保章之守有馮相之占有南正之司有太史之紀凡以視氛祲考得失而察善敗勤修省也漢世諸儒推衍春秋說災異之變若近於禨詳畏忌而其時英主誼辟克謹天戒罔敢怠遑至以策免三公眚歸郡國有王者之政矣自時而降或以數泥或以遠忽而事天之實尠焉其不至威侮五行狎棄三正亦幾何哉爰考春秋至今郡境所及象緯之占關於星

土五行之沴著於事應者併列於篇云作災祥志

魯隱公九年三月癸酉大雨震電庚辰大雨雪傳曰書時失也凡雨自三日以往爲霖平地尺爲大雪

桓公十四年秋八月壬申御廩災劉向以爲御廩粢盛之所藏時夫人有淫行挾逆心不可以奉宗廟之戒

莊公十七年冬多麋京房曰廢正作淫爲大不明則國多麋十八年秋有蜮陸佃曰蜮陽物也陽消陰長惡氣之應二十五年夏六月辛未朔日有食之鼓用牲於社傳曰非常也惟正月之朔慝未作日有食之於是用牲於社伐鼓於朝秋大水鼓用牲於社於門傳曰亦非常也凡天災有幣無牲非日月之眚不鼓二十九年秋有蜚劉向曰莊公娶齊淫女故蜚至以爲將生臭惡聞於

四方也

僖公十五年九月己卯晦震夷伯之廟左氏以爲魯展氏隱慝之應

二十年夏五月乙巳西宮災董仲舒以爲僖娶於楚而齊媵之脅公立爲夫人西宮小寢夫人所居也天戒若曰妾何爲居此宮誅去之意也

二十三年冬十有二月隕霜不殺草李梅實哀公問於仲尼曰春秋記隕霜不殺何也曰此言可殺也

文公十三年自正月不雨至秋七月太室屋壞先是冬僖公薨緩於作主後六月又禘於太廟而致僖公左氏曰登僖於閔上逆祀也太室屋壞象魯自是而陵替將躋僖公之祀也

十六年夏五月有蛇自泉宮出於國如先君之數八月毀泉臺

宣公十五年冬蝝生是時宣公稅畝亂先王之制而爲貪故有是應

成公三年二月甲子新宮災三日哭杜氏曰宗廟親之神靈所馮居而遇火災故哀而哭之十有六年春正月雨木冰何休曰木者少陽幼君大臣之象冰者凝陰兵之象也兵將木者君臣將執於兵之徵

昭公七年四月甲辰朔日有食之及降婁之次左傳晉侯問於士文伯曰誰將當日食對曰魯衛惡之衛大魯小公曰何故對曰去衛地如魯地於是有災其衛君乎魯將上卿是歲八月衛襄公卒十一月魯季孫宿卒二十五年夏鸜鵒來巢劉向以爲鸜鵒穴藏之禽不穴而巢陰居陽位象季氏將逐昭公去宮而居外野也

定公二年夏五月壬辰雉門及兩觀災董仲舒劉向以爲此皆奢僭過度者也京房易傳曰君不思道厥妖火燒宮五年夏季桓子穿井土缶

中得蟲若羊羊者地上之物出於土中象定公不用孔子之言而聽季氏暗昧不明之應

哀公三年五月辛卯桓宮釐宮災左傳孔子在陳聞魯災曰其桓釐之宮乎杜預註以爲親盡而廟不毀故天示之以災公羊之說亦然

四年夏六月辛丑亳社災顏師古曰亳社殷社也武王伐紂命諸侯各立亳社以戒亡國故魯有之

十二年冬十有二月螽季孫問於仲尼仲尼曰丘聞之火伏而後蟄者畢今火猶西流司歷過也

十四年春西狩獲麟

漢惠帝二年正月癸酉旦有二龍見於蘭陵東里溫陵井中至乙亥夜去京房易傳曰有德將害厥妖龍見井中又曰行刑暴惡黑龍從井中出

景帝元年三月填星在婁幾入還居奎奎魯分也占曰

其國得地爲得填是歲魯爲國

宣帝地節二年四月鳳凰集魯郡羣鳥從之　四年五月山陽雨雹大如雞子深二尺五寸飛鳥皆死其十月大司馬霍禹宗族謀反霍后廢

建昭五年兗州山陽橐茅鄉社有大槐樹吏伐斷之是夜樹復立其故處

哀帝建平四年四月山陽湖陵雨血廣三尺長五尺大者如錢小者如麻子後二年王莽擅朝貴戚大臣多誅是月方與民家小兒死復生方與女子田無嗇生子先未生二月兒嗁腹中及生不舉葬之陌上三日人過聞嗁聲母掘收養

東漢章帝建初二年冬十有二月戊寅彗星出婁三

度長八九尺百有六日而滅屬魯分占爲大人憂後明德皇后崩

和帝永元二年正月乙卯金木俱合於奎丙寅水又在奎辛未水金木在婁屬魯分奎主武庫兵三星會爲兵喪水金木在婁亦爲兵又爲匿謀竇氏伏誅之應

元興元年閏七月辛亥水金俱在氐屬兗州分水金同會爲兵誅之象其年遼東貊人反叛抄殺六縣

殤帝延平元年正月丁酉金火在婁屬魯分金火合爲爍爲大人憂是歲殤帝崩

元初三年東平陸上言木連理漢東平陸今汶上也

桓帝元嘉元年夏四月不雨任城饑民相食

永興二年泗水泛漲逆流東海

靈帝光和元年八月彗星出亢北入天市中長五六丈赤色經歷十餘宿八十餘日乃消於天苑中屬兗州分是時黃巾賊反遣中郎將皇甫嵩討之五年彗星出奎逆行入紫宮後三出六十餘日乃消屬魯分占曰彗除紫宮天下易主

獻帝初平二年九月蚩尤旗見長十餘丈色白出角亢之南屬兗州分占曰蚩尤旗見主征伐四方其後曹操征討天下且三十年

魏景初元年九月淫雨兗徐豫三州水出溺殺居民漂失財產時魏崇飾宮室妨害農戰觸情恣慾水不潤下之應

晉武帝咸寧二年六月甲午孛星見於氐屬兗州分

占曰天子失德易政

三年十月青徐兗大水是時賈充用事專恣正人疏外陰氣盛也

太康二年六月高平大風折木發壞邸閣四十四區

五年六月任城魯國池水皆赤如血按劉向說近火沴水聽不聰之罰也

九年青龍黃龍各一見於魯國

惠帝元康五年四月有孛星於奎屬魯分是年魯公賈謐遇禍

六年徐兗豫大水時帝即位已五載猶未郊祀其蒸嘗亦多不親行事此簡宗廟廢祭祀之罰

東晉成帝咸康二年夏六月辛未流星大如二斗魁色青赤光耀地出奎中沒婁北屬魯分占曰五穀分藏是歲旱饑

五年四月辛未月犯歲星在胃屬魯分占曰國饑人流

穆帝永和七年三月戊子歲星熒惑合於奎是年劉顯殺石祗及諸胡中土大亂

孝武帝永康元年十二月甲申太白晝見在氐兗州分野明年五月北中郎將王坦之薨

太元元年八月癸酉太白晝見在氐氐兗州分野

二年九月壬申太白晝見在角角兗州分野時兗州刺史謝元討賊大破之中外連兵

十一年六月甲午歲星晝見在胃占曰魯有兵臣强

十三年十二月熒惑在角亢形色猛盛占曰熒惑失其常吏且棄其法諸侯亂政自是慕容垂翟遼姚萇苻登慕容永竝阻兵爭彊

二十一年二

月太白晝見於胃屬徐分占曰中軍兵起

安帝隆安二年六月歲星晝見在胃兗州分野是年郗恢遣兵伐慕容寶於滑臺敗而還

義熙三年春正月甲子太白晝見在奎屬魯分司馬叔璠等攻鄒山魯郡太守徐邕破走之是年二月癸亥熒惑鎮星太白辰星聚於奎婁從鎮星也屬徐州分是時慕容超僭號於齊兵連徐兗

五年十二月辛丑太白犯歲星在奎屬魯分占曰魯有兵是年劉裕滅慕容超于魯

南宋武帝永初元年十二月庚子月犯熒惑於亢屬兗州分是時元魏攻略司兗二年五月乙酉熒惑犯氐乙巳犯

房屬豫兗分領兗州長沙王薨領豫州廬陵王廢三年二月鎮星犯亢
屬兗州分占曰諸侯失國民多荒亡其後索頭攻圍司兗兗州刺史劉瓚奔敗
文帝元嘉二年冬十一月丙辰白烏見山陽太守阮
保以聞　十七年秋七月壬申甘露降高平金鄉方
三十里徐州刺史趙伯符以聞　二十年夏六月白
兔見高平方與縣
南齊和帝中興二年春二月白虎騶虞並見壽張蘭
陵民濟伯生于六合山獲金璽
北魏世祖神䴥三年十二月丙戌流星首如甕長二
十餘丈大如數十斛色正赤光燭人面自天船及河

抵奎大星及於壁占曰天船以濟兵車奎爲徐方壁爲衛是時宋將到彥之等侵魏魏大捷

高宗太安四年十一月長星出於奎色白駞行有尾跡既滅變爲白雲奎爲徐方魯分占曰下有流血積骨明年宋兗州刺史竟陵王誕據廣陵作亂

孝文帝太和十五年濟州獻三足烏　十七年兗州獻白烏　十九年兗州獲異獸名鯪鯉

宣武帝景明元年七月兗州等處蚜蚄生大水

正始四年四月兗州獻白狐

孝明帝熙平元年濟州獻白鹿

正光元年夏四月濟州獻三足烏

孝靜帝興和四年夏五月濟州獻蒼烏

武帝三年十月兗州獲白雀

顯祖天安元年六月兗州有黑蟻與赤蟻大鬭長六十步廣七尺赤蟻斷頭而死

景寧三年濟州獻赤雀

北齊文宣帝天和三年七月巳未客星見房心白如粉絮大如斗長如匹練漸大東行入奎至婁凡六十有九日而滅屬魯宋分占曰兵喪飢旱

武成帝河清元年龍見濟州浴堂中　二年四月河

濟淸十二月兗州大水時和士開元文遙趙彥深等專權

隋高祖文帝開皇十四年十一月癸未有星孛於虛危及奎婁屬齊魯分其後魯公虞則伏法齊公高熲除名

煬帝大業三年辛亥長星見西方竟天歷奎婁角亢而沒屬魯兗州分占曰羣盜並起邑落空虛

唐太宗貞觀二年三月戊申朔日食在婁十一度屬魯分占爲大臣憂十一年五月丙戌朔日食在婁三度屬魯分占爲大臣憂

高宗永徽元年正月濟州河淸　五年三月辛亥朔日食在婁十三度屬魯分占爲大臣憂六月濟州河淸六

十里

武后長安二年三月壬戌朔日食在婁十度屬魯分占曰君不安

明皇天寶四年壽張麥秀兩岐蝗不入境時劉光期爲令

德宗貞元十八年六月烏集滕縣衙柴爲城中有白烏碧烏各一

憲宗元和六年三月戊戌日晡天忽陰寒有流星大如斛器隕於兗鄆間聲振數百里野雉皆雊所墜之上有赤氣如立蛇長丈餘至夕乃滅占者以爲曰在戊魯分也不及十年主殺而地分

十五年三月鎮星太白合於奎占曰內兵徐州分也

十二月熒惑鎮星合於奎占曰主憂

穆宗長慶三年八月丁酉夜有流星大如數斗起西斗經奎婁東南去月甚近迸光散落墜地有聲

文宗開成五年夏鄆曹青兗四州螟蝗害稼占曰國多邪人朝無忠臣居位食祿如蟲與民爭食故比年蟲蝗

武宗會昌四年八年丙午有大星如炬火光燭天地自奎婁埽北方七宿而隕

後唐明宗天成二年六月兗州進三足烏

後晉高祖天福六年九月兗州界爲河水漂溺兗州奏河水東流闊七十里

宋太祖乾德五年三月五星如連珠聚於奎當魯分占曰有德受命大人奄有四方子孫蕃昌從鎮星王者以重致天下重福明年真宗降誕六年正月壬寅歲星鎮星太白合於奎屬魯分

太宗太平興國元年兗州獻金龜

端拱元年閏五月辛亥有星出奎如半月北行而沒占云有溝瀆事六月辛未赤氣出婁貫天庾占曰倉廪有火災二年夏四月不雨至五月大旱自秋阻冬不雨

真宗咸平元年有星孛於營室詔求直言呂端言彗應當齊魯

天禧三年六月河決滑州歷鄆濟單至徐州與清河合浸城不沒者四版

大中祥符元年九月乙酉太白歲星合於角亢占在兗州之野其年東封得芝於孔林王欽若上言得芝人五株色黃紫如雲氣及人戴冠幘之象瑕邱民宋固於堯祠得芝九本四年秋八月兗州蚜蚄生有蟊青色隨齧之化爲水

神宗熙寧六年十二月滕縣官舍生異草經月不腐

徽宗重寧五年正月戊戌彗出西方長六丈斜指東北自奎貫婁占曰主兵喪大饑

大觀二年十月乙巳兗州龔邱縣檜生花如蓮實

南宋高宗紹興八年五月客星守婁魯分野也金將悟室占之太史曰無傷至七月金殺魯兗滕虞等二十一王六月乙巳客星出奎宿

占曰爲兵姦臣僞惑天子

寧宗慶元元年四月丁酉太白晝見於奎北凡十有六日乃滅六月丙申歲星見於奎凡百有一日乃滅

元世祖中統七年三月陽穀地震河水擡動七日乃止

成宗元貞元年夏六月兗州嵫陽大水

武帝至大元年春二月辛卯濟寧大饑七月濟寧大水暴決入城漂沒廬舍

仁宗皇慶二年三月濟寧隕霜殺桑

泰定帝泰定元年夏六月濟寧蝗

文帝至順二十六年春二月黃河北徙濟寧被害
順帝元統二年濟寧大水饑　四年夏六月濟寧金
鄉魚臺嘉祥汶上任城大饑人相食　二十三年七
月河決壽張漂溺死者甚衆　二十六年秋八月濟
寧路黃河溢漂沒百餘里
明成祖永樂六年白雀見滋陽縣
宣宗宣德七年兗州護衛總旗妻劉氏一產三男
景帝景泰元年五月壽張河決
憲宗成化九年春三月兗州晝晦踰二時乃霽　十
九年兗州黑鼠食苗旬日入水自死　二十一年春

至秋不雨蝗蝻滿地人相食

孝宗弘治六年濟寧饑會通河溢官民廬舍及運船沒者無算　十二年夏六月夜曲阜大風雷雹自宣聖廟東北起焚毀殿廡一百二十三間　十五年九月陽穀汶上地震有聲如雷　十七年九月金鄉地震

武宗正德十一年滕縣桃李冬花　十三年陽穀淫雨傷禾稼魚徧生　十六年滕縣大饑人相食

世宗嘉靖十二年陽穀春夏不雨至秋七月飛蝗遍野　十三年十二月陽穀颶風飛沙如雨　十四年

陽穀飛蝗蔽天苗稼災　十五年陽穀飛蝗遍生
十七年夏陽穀淫雨百日民食草實　二十六年十
一月滕縣地震　三十年滕縣雨土如霧梅花萼皆
隻落　三十二年府境州縣大饑滕鄒滋嶧人相食
三十四年冬十二月府境州縣同時地震　三十
五年滕縣夏雨雹傷禾稼　三十七年夏滋陽學宮
大震東壁龍起　三十九年府境州縣大饑　四十
三年河決飛雲橋魚滕漂沒運河北徙
神宗萬歷三年汶上雨雹　十五年汶上旱無麥
十七年六月大風拔木

光宗泰昌元年十二月雨冰地上凝數寸樹木壓折

填塞道路

熹宗天啓元年滋陽縣民孫尙智一産四男魯憲王

覓乳婦分哺之俱養成人　二年三月十五日地震

太白經天一月有餘

懷宗崇禎十一年春旱六月始雨連沛三月平地成

河水流百日　十三年連歲蝗旱斗米價銀三兩瘟

疫盛行父子相食　十四年斗米萬錢土寇蜂起路

斷行人

大淸順治三年夏水麥禾漂没廬舍一空　四年元旦

雷震 十七年八月地震有聲冬月大寒凍死樹木牛畜 十八年府境地震

康熙四年大旱 七年六月十七日地震如兵車鐵馬之音城郭廬舍傾圮壓死人畜甚多後數年屢震 二十一年春濟寧城內東偏大火延及城西北隅民舍皆盡中有關帝廟亦災獨神像鬚袍香案無恙 八月初八日雨雹自郡城北漫寧陽曲阜鄒縣大如鴨卵深尺餘田禾盡傷十一月二十六日戌時隕星大如斗聲若雷震爛若月光須臾落於西南 二十二年夏不雨麥丹至六月大雨平地水深三尺廬

舍田禾淹沒汶上鄒縣爲甚冬饑　二十三年正月七日雷震春饑濟寧泗水滕縣大饑　三十九年濟寧州民張文學妻一產三男　四十年濟寧州民党奉珠妻一產三男　四十一年府境大水　四十二年災　四十三年春大饑　四十四年災　四十八年災　五十三年十月內滋陽縣民高萬言妻一產四男　五十八年旱　六十年大旱　六十一年大旱無麥蝗蝻遍地人多饑死

雍正二年夏六月曲阜　先師廟災兩廡大成門及御碑亭俱燬　三年大有年　五年秋七月太白經天

凡五十餘日而滅　七年秋金鄉魚臺大水禾盡沒
八年春大饑夏六月府境州縣俱大水汶河石梁
口決　十年夏六月曲阜卿雲見　十一年秋大熟
十三年寧陽産麟
乾隆元年大有　二年春旱　五年秋陽穀壽張大
水禾盡沒　七年秋九月河決石林口湖水倒溢金
鄉魚臺麥苗渰沒　八年十月彗星見西方逾月乃
滅　九年滋陽寧陽魚臺蝗　十年金鄉城西白鹹
窪見城郭樓閣樹木形逾時乃沒　十一年夏四月
金鄉魚臺雨雹大如雞卵傷二麥　十二年秋大水

境內俱災　十三年春大饑夏寧陽濟寧金鄉魚臺俱大水　十四年壽張民孫宗裕妻一百六歲具題旌表　十五年汶上蝗　十六年夏河決由濮范衛壽張境禾稼漂沒秋府境州縣俱大水　十七年滋陽蝗　十八年夏五月滕縣雨雹冰水成渠樹木皆槁秋八月地震　二十年正月雷雹秋金鄉魚臺大水　二十一年秋七月河決徐州湖水溢魚臺堤潰水入城官署民舍俱圮　二十二年秋金鄉魚臺壽張俱大水　二十六年秋七月河決曹縣衝金鄉魚臺境禾盡沒寧陽汶上壽張俱大水　二十七年冬

十月鄒縣民田成堯妻一產三男　二十八年秋金鄉魚臺大水　三十年滋陽寧陽蝗　三十一年秋金鄉魚臺汶上陽穀壽張俱大水壽張民劉振先妻一百三歲解悅妻一百二歲具題旌表　三十二年滕縣雹　三十三年夏大旱壽張民張訓妻一百二歲具題旌表

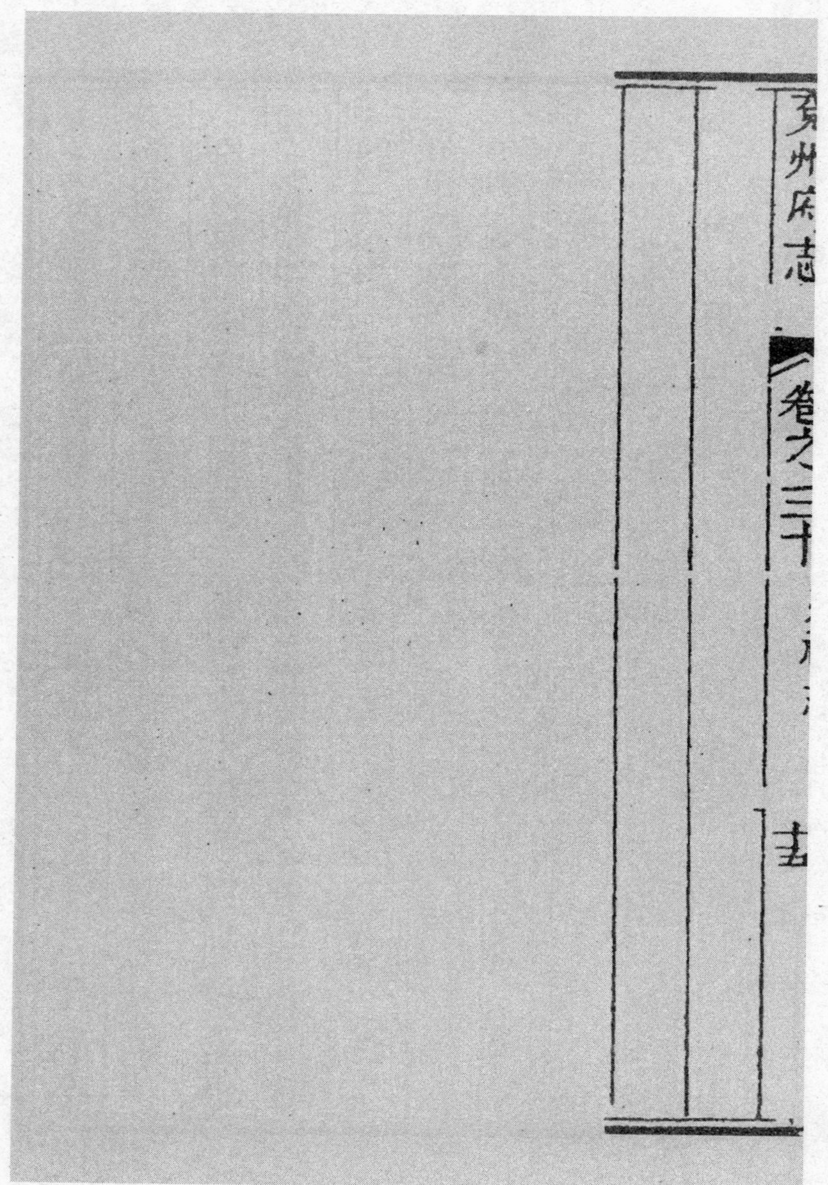

貴州府志
卷之三十

【光緒】滋陽縣志

（清）莫燡修　（清）黄恩彤纂　（清）李兆霖等續修　（清）黄師誾等續纂

清咸豐九年（1859）修光緒十四年（1888）續修光緒十四年（1888）刻本

災祥志

元元貞元年夏六月大水

至大元年春二月大饑

明成化三十三年泗溢入城　是年魯府殿災因改

嵫陽之嵫爲滋

嘉靖三十七年夏學宮大震龍起裂壁

萬歷三十年巽風壞樂陵王宮殿　四十三年大旱

饑人相食

天啓二年三月十五日地震太白經天　五月十三

日聞香教徐鴻儒作亂連陷鄒滕等十五縣進犯

府城攻東門不克十月都院趙彥率都司楊國棟

以兵擊賊郡之魯王出金數萬募勇助勦賊平

崇禎五年春旱　六月雨至八月大水　十三年旱

蝗大饑疫人相食土寇蜂起　十五年大兵破城
飛蝗蔽日集樹枝折　十七年流寇入京明亡魯
王以海南遁
國朝順治二年水漂麥禾　四年土寇丁明吾蔡乃憨等
掠小孟村知府陳全國禦之　六年賊復犯小
孟村官軍失利　八年大兵集兗剿賊三月平之
十三年八月地震
康熙四年大旱饑人相食
詔發帑金八萬兩遣大臣賑濟並蠲田賦一年民慶更生

七年六月十七日夜地震有聲　九年大旱　十三年吳三桂反大兵駐兗凡三次　三十七年大饑疫奉

旨賑卹　四十二年大水饑截漕賑濟

詔免錢糧並歷年逋賦　四十三年大饑疫地丁正賦全免　五十九年大旱盜徒蜂起

雍正三年二月二日日月合璧五星聚于娵訾　七年秋大水

乾隆元年大有年　十一年淫雨害稼大饑　十二

年大饑疫　三十年旱蝗　三十六年秋大雨泗

溢　三十九年壽張民王倫作亂邵城戒嚴尋破

誅之　四十三年饑　四十九年大旱　五十年

二月十五日赤風翳日無麥饑　五十一年春大

饑人相食　五十七年四月日中見星大旱

嘉慶五年五月泗溢禾盡渰　六年五月二十日大

雨雹十七年大旱無麥大饑　十八年春大饑

十五年正月十七日赤風晝晦

道光元年四月初一日日月合璧五星聯珠　夏大

疫　四年五月二十日大風雨雹偃禾拔木　五年夏大旱　二十年七月大雨泗決　二十九年三月大雨雹

咸豐六年旱蝗　七年春大饑　夏麥大熟　秋旱蝻　九年春大旱

以上前志以後續志

十年九月捻匪入境大焚掠　十一年三月捻匪復犯境　[illegible]月[illegible]日日月合璧五星聯珠

同治元年秋大疫　捻匪犯境

二年捻匪復犯境　五年捻匪復犯境
六年夏大雨泗決
光緒二年旱大饑無麥禾晚禾有收　三年旱無麥
禾秋大稔　七年秋大雨泗決　八年秋彗星見
九年秋大雨泗決　十一年秋七月旱蝗八月雨
雹　十三年冬牛大疫　十四年五月初四日地
震秋大饑